毛笔的常识

潘天寿 著

浙江人民美术出版社

出版说明

《毛笔的常识》原系潘天寿计划中的《中国画用具材料常识》之第一篇，遗憾的是，除《毛笔的常识》一文外，潘老此后未曾撰写其他篇章。潘天寿（1897—1971），早年名天授，字大颐，号寿者，又号雷婆头峰寿者。浙江宁海人。现代著名画家、美术教育家，精于写意花鸟和山水，偶作人物，兼工书法、诗词、篆刻等。著述有《中国绘画史》、《听天阁画谈随笔》等。

毛笔是源于中国的传统书写工具，文房四宝之一。据文物考古发现，新石器时代中国人已经使用原始的毛笔写字作画，毛笔的历史已有数千年之久；战国时期毛笔这一书写工具已经成熟。毛笔对于中国古代书画艺术具有决定性的影响，一直受到历代文人墨客的喜爱。《毛笔的常识》一文则是潘天寿结合历史文献、使用经验、社会调查等多方面资料撰述而成。全文分总论、毛笔的历史、毛笔的种类、毛笔的别名、毛笔的毫料、毛笔的管套、毛笔的制造、毛笔的名类、毛笔的性能与选择、毛笔的保藏等十节，附柳炭、香头、纸媒头一节，涵括了毛笔方方面面的常识，是了解毛笔及书画文化的极佳入门读物。

此次整理以1954年《毛笔的常识》一文初版本为

底本整理，在整理过程中对于原书中的明显错字径自更正；引文因系作者根据需要节引，整理过程中除对显著错误径改外，并未根据所引资料出处对原书引文进行修订，还请读者在使用过程中注意。

浙江人民美术出版社

2013 年 10 月

目 录

第一 总论

吾国自周口店猿人头骨发掘以后，一般考古学家，均公认约在四百五十万年至一百万年以前，就有我们的祖先居住。并据裴文中周口店猿人文化报告中除猿人头骨和旧石器以外，还发现原始人“骨骼上的刻划”。他说：

> 关于骨骼上，有人工刻划的痕迹颇多，皆用途不甚明了，计有“刮的平面”，或“刻的半圆形长沟”，“刻的三角凹入”，及“刻的深沟”等，凡是这种刻划痕迹者，大概都是碎的骨器或装饰品，现在已不能推测原形，然可断定为人工有意义的制作。
>
> 周口店的骨器中，尚有“尖骨器”和经过制作而用途不明了的骨器如鹿角等。

这些有人工刻划痕迹的骨骼、尖骨器、旧石器，与猿人头骨同时同地的发现，一般人都认定这刻划痕迹中的“半圆形长沟”、“三角凹入”、“深沟”等，就是美术上一种最原始的形式，换句话说：就是吾民族原始雕刻与原始绘画的渊源。又这种骨骼上所“刮的平面”，及所“刻的半圆形长沟”、“三角凹入”、“深沟”等，定有他刮和刻的工具，是一件必然的事实。胡蛮同志著《中国美术史》，就根据这必然的事实，推断这骨骼上的刻划，是用同时同地所发现的尖骨器为工具。他说：

> 这“尖骨器”和骨骼上的刻划，同时同地的发现，给与美术起源以极要的解答。——“尖骨器”就是在“骨版”上刻划线纹的工具。

骨与骨的硬度，常相差不远，用“尖骨器”刻划骨版，是否适合事实，殊可研究。旧石器时代所制的石器，虽极粗笨拙劣，但石的碎片都是锋利而且尖锐的，在制石器的所在地，随处都有。这种“骨版”上的刮和刻，或用锋利尖锐的碎石片为工具，实极可能。又当时的人工，既可制造尖骨器，或也可能会制造尖石器，以为刻骨刮骨的工具，也未可知。总之这种“骨版”上的刮和刻必须有“尖骨器”，或“碎石片”、“尖石器”等为刮刻的工具，是我们大家所公认而无疑义的。那么不论“尖骨器”也好，“碎石片”也好，“尖石器”也好，都可能是原始起源美术的工具。它的情形，与吾国各古书上记载我们祖先最初书写文字的工具为“尖木器”、“书刀”等的情况，完全相似，可作参考和对照。

《书序》说：古者伏羲氏之王天下也，始画八卦，造书契，以代结绳之政，由是文籍生焉。《释文》：“书者，文字。契者，刻木而书其侧，故曰书契。”

《物原》说：伏羲初以木刻字，轩辕易之以书刀。

虞舜造笔，以漆书于方简。

《考工记》说：筑氏为削，长尺，博寸，合六而成规。郑《注》：“削，即今之书刀。”又《疏》：“古者未有纸笔，以削刻字。至汉，虽有纸笔，仍有书刀，是古之遗法也。”

伏羲初以木刻字，是说明伏羲氏最初用尖木器画八卦。轩辕易之以书刀，是说明轩辕氏用骨刀，或石刀刻划文字。虞舜造笔，以漆书于方简，是说明虞舜创竹枝笔，始点染漆汁书写文字于方简，以创成后代用笔蘸墨书写文字的方法。换句话说：用尖木器画八卦，用骨刀或石刀刻划文字，就是用竹枝笔点染漆汁书写文字的先河。依吾国近代习惯，叫刻图章所用的刻字刀为“铁笔”。那么这尖骨器或碎石片等，也可叫它为作画的“骨笔”或“石笔”。以《考工记》的削为例子，也可叫刻骨版的工具为“画刀”。然而骨笔也好，石笔也好，画刀也好，既可以刻划图画，也可以刻划文字，故这骨笔、石笔、画刀，就是吾国毛笔的远祖了。而骨版与竹木简等，也可说相等于后代绘画上所用的纸、绢、壁面等画材，没有两样，不过后代的纸、绢、壁面等比骨版、竹木简等进步些罢了。

又裴文中周口店猿人文化中证明“猿人已能用火的事实”。说：

第一是还留的灰烬——在黑色土中，发现木炭数块，推知黑色沙土中，确含有燃烧后的灰烬。

猿人既然能用火，由日常用火后所存留的炭屑和烟煤，自然会知道烟煤和炭屑是一种轻松的黑色粉质物体，可做黑色的原料，这也是必然的事。

又吾国祖先，在极早的时代，就发现漆树的液汁，为黑色而有黏性的颜料，可以书写文字。又在新石器时代晚期的仰韶遗址中发现一种彩色陶器，表面红褐色，画有几何形的黑绿图案，描绘的技法，极为纯熟变化。与《物原》里所说的“虞舜造笔，以漆书于方简”，《通鉴外纪》所载的“黄帝作冕旒，正衣裳，视翚翟草木之华，染五彩为文章”等，也可相互参照。因此我们可以想象我们祖先的绘画与绘画所用的笔墨、壁面、纸、绢、色彩等材料工具的起源与萌芽，以及发展的历史，

人面鱼纹彩陶盆　新石器时代仰韶文化

是多么漫长而且悠远。

无疑的，绘画的产生，是由于人类的劳动。反过来说，劳动然后能完成绘画。但是需要材料，也须要工具，这是人类最初有绘画时所必然需要的条件。例如“尖骨器”与“骨版”，“漆汁”、“漆笔”与“方简”等，都是很明白的证据。倘使没有工具，没有材料，自然不能徒手劳动而成绘画，也不能徒手劳动而成书契和竹简上的文字。然有工具，而工具不精良；有材料，而材料不精美，也不能得到劳动所成就的良好绘画果实，这是相互的因果关系，是任何民族所不能逾越的规律。

但是一民族有一民族的特性。一民族有一民族的环境。一民族有一民族的生活习惯。一民族有一民族的自然发现。它在文化上的发展，以及工具材料等的进步与演变，也自然各不相同。寻求它变迁推移的痕迹，演进的状况，研究它既得的成果，和时代实际相结合，使它更进一步的精工良好。孔子说：“工欲善其事，必先利其器。”将吾国祖先漫长悠远所遗下来的优秀传统的绘画，在百尺竿头上，努力向前迈进。更发挥其灿烂的光彩，这自然是我们绘画工作者和制造绘画工具材料的工作者共同的责任。

吾国古代绘画，在新石器时期，因发掘不多，很缺明朗的史实。但自周秦以后，直至汉唐，全以壁面为绘画的中心画材，帛次之，魏晋以至隋唐，也间用麻纸皮纸以代缣帛壁面，然而究竟还是少数。当时制作绘画的壁面，须糊以胶灰或油灰，再刷上铅粉，或壁面上先衬以麻布，再用胶灰、油灰、铅粉，然后才可落笔作画。这种壁面上的装置工作，原为绘画作者工作的一部分。至于颜色的研制，胶矾的溶煮，笔墨的制造等等，都是绘画工作者事前的工作。例如唐阎立本的画《唐太宗泛舟春苑池图》俯伏池左，研吮丹粉。吴道子、李思训的画人物山水，煮绢加粉锤作银版状，再开始落笔作画。现在的油漆工作者、泥水工作者在绘饰神庙祠宇等壁面上的绘画时，须先向油漆颜料店购买油漆、胶灰、颜色、原料等等，自行研制配置，然后以研制的颜色，在配置的壁面上，着手作画，与阎立本、吴道子、李思训作画的情形，可说完全相同，而存古制。然自唐代以后，这部研制配置工作，渐渐转让给专门制作画具画材工作者的手中，独立门庭，自成统系。从事绘画工作者也因画具画材制作的繁屑，懒加问讯，渐相脱节。当其初开始的时候，原有分工合作的意义。然事后却从此各分途径，成两不相关的局面，是无可讳言的。制作画材画具的工作者，又因师傅徒弟陈陈相因的传授，与他们所处的环境情况，每无从作制造上的研究，与实际应用缺少联系。又因制造画具画材的营造业户，每每只求廉价的推销以求多销的厚利，因此造成“偷工减料”、“以假作真”等等流弊。直使画材画具有每况愈下，一代不如一代之慨，殊有妨碍绘画前途的进展，至为可虑。然国画的画材画具两项中，以画具为先，画具中尤以毛笔占重要地位，故先编写《毛笔研究》篇，以为开始，其目的实为引起全国绘画工作者，画具画材的制造工作者以及画具画材的制造行业，对画具画材的研究与改进，以配合今后新中国绘画艰巨而远大的新前程，快马加鞭，骎骎直往。实为此篇的第一希望。

“鉴诸往而知来者。”故对于毛笔的变迁大略、不同的名称、原料的选择、制造的过程、应用的性质、保护的方法，以及其他优缺点等等，均加以叙述，以给读者因兴因废、因改因革的常识和较为系统的研究资料。此为本篇的第二个主点。

然编者原为一绘画工作者，非制造毛笔的专门技术人员。并因限于时间经济等条件，未能在实践上作较详实的调查与在古籍记载上作较宏富的搜集，以及制造上作实际的试验。仅凭绘画时所得与简略询问所得以为本篇的中心材料外，全以古书籍上所常见的记载为辅助。故结果中心的材料反觉较少而辅助的材料却转较多，这全是编者能力欠缺所造成的事实，是十分引以为抱歉的。好在古人的记载，大概也在经验上获得，择它的所长，弃它的所短，见仁见智全在吾辈，故所收古籍上的记载材料，虽稍多，也不加随便放弃，希望以此作借镜而达推陈出新的目的。

俗语说：“抛砖引玉。”《诗经》说：“他山之石，可以为错。”至盼画具画材有心得的研究者及读者，给予严格详尽的指示。

唐　永泰公主墓　笔画　《宫女图》

第二 笔的历史

吾国笔的起源，因年代久远，无从详考。然根据周口店所发掘的尖骨器，可认为刻划骨版的工具，而定为锥形的尖骨笔的时候，自然是吾国笔的远祖了。

又吾国祖先，在极古的新石器时代，就发现漆树液汁，为有黏性的黑色液体，可用它书写文字或图绘形象的材料。《辞源》说：

> 上古无纸笔，以漆书于方简。

上古以漆写简，自然须有写漆的工具。姑且不论它那时候的工具，是如何的简单陋劣，是如何的名称式样。大概不是用兽毫制成的。元吾衍《学古编》里说：

> 蝌蚪书，乃文字之祖，象虾蟆子形。上古无笔墨，以竹梃点漆书竹上，竹硬漆腻，画不能行，故头粗尾细，似其形耳。

吾国上古无纸与毛笔，用竹梃点漆而书，自然较近情况而合事实。若用毛笔写漆，漆腻毛软，不合使用，可为反证。苏易简《笔谱》说：

> 又虑古之笔，不论以竹、以毛、以木，但能染墨成字，即呼之为笔也。

上段话，对于笔，下一原则上的定义，极为妥当。

漆为黑色液体，点漆而书的漆，与后代渍墨而书的墨，质虽异样，而情况功用，完全相同。那么这点漆的竹梃，是竹枝所做成的竹笔，可说是毛笔的初祖，实没有什么不妥。(竹梃就是竹的细枝，竹枝的尖头，是否敲碎成丝状？未详。)与《物原》里所说的“虞舜造笔，以漆书于方简”的笔，就是竹梃所制的竹笔，而不是后代所用的毛笔，较为可信。

那么吾国的毛笔，究竟到什么时候才有呢？这个问题，既无确实证据，也没有可靠的史实记载，难加以肯定的解答。但一般人却都认为吾国的毛笔，是创始于秦代的蒙恬。它的原因，是根据《史记》的记载。《史记》里说：

始皇令蒙恬与太子扶苏筑长城，恬取中山兔毫造笔。

但马缟的《中华古今注》，却作否定的判断。他说：

牛亨问曰：“古有书契，便应有笔。世称蒙恬造笔何也？”答曰：“自蒙恬始作秦笔耳。以柘木为管，鹿毛为柱，羊毛为被，非兔毫竹管也。”

徐坚《初学记》里，也有一段相似的记载，他说：

按《尚书中候》及《曲礼》，则秦之前，已有笔矣。盖诸国或未之名，而秦独得名，恬更为之损益耳。

又崔豹的《古今注》也说：

> 昔蒙恬之作秦笔也，以柘木为管，鹿毛为柱，羊毛为被，所谓苍毫，非兔毫竹管也。秦之时，并吞六国，灭前代之美，故蒙恬得独称于时。

据以上的记载，吾国毛笔的创制，早在秦蒙恬之前。蒙恬仅损益已创制兔毫竹管的毛笔，用柘管、鹿毫、羊毫，而成一种秦笔罢了。《古今注》并说明秦代并吞六国以后，好灭没前代之美，故蒙恬独得以创制毛笔见称于当时。

又《韩诗外传》说："周舍为赵简子臣，墨笔操牍，从君之后，伺君之过而书之。"《庄子》说："宋元君将图画，众史皆至，受揖而立，舐笔和墨。"周舍为春秋时人，庄子为战国时人，均在蒙恬之前。我们体会"墨笔操牍"与"舐笔和墨"八字，可断定当时已有毛笔并石墨胶墨等的使用，完全没有问题。因笔墨二字联用，当然是用笔和墨来书写文字或绘制图画，非漆和其他的工具来书写文字或绘制图画，是十分明白的。又竹梃坚硬，绝无舐的必要，漆汁有毒，也不可随便入口。只有毛笔胶墨，或石墨，需要舐，而且也需要和，这是很显明的事实。梁同书《笔史》说："制笔谓之茹笔，盖言其含毫终日也。"茹字，原作吃字解。《笔史》作含字解，也不切。实极合舐笔二字的意义。

很巧的，今年暑天的六月十日，湖南省文物管理委员会工作队在长沙市南郊左家公山第四中学基建工地内，发掘了一座完整的战国木椁墓葬，在墓葬物品的竹筐内，竟发现了毛笔、小竹简、铜削、竹片等物。这枝毛笔就足以证明春秋战国时代，我们的祖先，已在应用它描写文字或绘画，这就是比铁还要坚硬的证据了。现节录《文物参考资料》一九五四年第十二期湖南省文物管理委员会工作队发掘长沙左家公山战国木椁墓葬的报告如下：

毛笔，在竹筐内，全身套在一支小竹管里。杆长一八·五厘米，径口四厘米，毛长二·五厘米。据制笔的老技工观察，认为毛笔是用上好的兔箭毫做成的。做法与现在的有些不同，不是将笔毛插在笔杆内，而是将笔毛围在杆的一端，然后用丝线缠住，外面涂漆。与笔放在一起的还有铜削、竹片、小竹筒三件，据推测，可能是当时写字的整套工具。竹片的作用，相当于后世的纸，铜削是刮削竹片用的，小竹筒可能是贮墨一类物质的。这枝毛笔的发现，对中国毛笔的发明史是一个最重要证据，在研究中国文化史上是具有重大价值的。

这一个墓内出土的葬具、随葬物上面部没有文字，此外也没有可以肯定绝对年代的证据，但就墓葬的结构、随葬物来看，对这一个墓葬的相对时代，还可以推断出来。墓葬是木椁结构，木椁上下周围都用很厚的白泥填塞，这是湖南战国时代大型墓葬常见的做法，与一九五一年中国科学院考古研究所在长沙市郊王里牌所发掘之楚墓，湖南省文物工作队去年夏季在仰天湖所清理之(25)号墓葬，都有相似之处。此外，如陶器用敦、鼎、壶，这三种器物，也是湖南战国墓中常见之物。就陶器的形制来说，也都具有战国时代铜器之风格。至于随葬品内之衡器天平与法码，兵器中之木戟，漆器以及器物上之镶嵌技术，都是战国晚期才次兴盛的，由于这些，我们认为这一个墓的时代应属于战国晚期。

但是由于毛笔的发现，有人会联想到秦大将蒙恬发明毛笔的故事，因而认为这是秦代或秦以后的墓葬。但我们不能忽视去年在北京楚文物展览会所陈列的帛画、漆器，湖南文物工作队去年发掘的大量竹简，这样精致的画面，工整的字迹，没有一定的工具——毛笔，是不可能有这样优越的成就的，因此这枝毛笔的发现，对历史的记载作了有力的更正，并足以说明蒙恬发明毛笔的历史记载，是统治阶级剽窃劳动人民创造文化成果的赃证。

由以上的记载看来，我国的毛笔，在战国晚期已在通行使用，是毫没有疑问了。不过毛笔的制法，与后代的毛笔，先以兽毫缚成笔头，装入在笔杆的一端，胶固使用，与毛笔的全身，套入在小竹管内等办法有所不同罢了。

又《曲礼》说："史载笔。"《诗经》说："彤管有炜。"《尚书中候》说："玄龟负图出，周公援笔以写之。"

又《援神契》说："孔子作《孝经》，簪缥笔。"《尔雅》说："不律谓之笔。"《大戴礼》太公《笔铭》说："毫毛茂茂，陷水可脱，陷文不活。"

以上《曲礼》、《诗经》、《援神契》、《尚书》、《尔雅》等所记的笔，与许慎《说文》里所说的："楚谓之聿，秦谓之笔，吴谓之不律，燕谓之拂。"虽名称有所不同，然均系兽毫所制的毛笔，可无疑义。又据太公《笔铭》，倘属真而不伪的话，是很明白的说明，这"毫毛茂茂"的毛笔，须渍水书写。实可断定吾国的毛笔，在周初的时候，已早在应用了。

又吾国在新石器时代，半山期、马厂期陶器中，发现优秀的彩陶。在红褐色或棕黄色的陶胎上，绘有红黑彩色几何纹的图案，有网格、横列、阶梯、螺旋、垂帏、棋盘、云雷纹、水纹，曲折蜿蜒等的线条，整齐圆润，活泼流利，在复杂的变化中，极尽安详妥贴的能事，而达到图案技术相当高度的境界，为吾人意想所不及。并且在点及线纹的起止上，均有极明显的毛笔痕迹。例如点及线的落笔，往往是有着用毛笔中锋直顿而下的顿笔，点的收笔，往往在落笔后，带有毛笔收笔时的挑锋，线条横画的收笔，也往往带有书法横画的蚕尾，使我们一看到，就能觉到是用毛笔所画的线条，实无法加以掩盖。又彩陶中所用的线，在流利活泼以外，如水波纹、云纹、雷纹等的长线条，觉得笔头中含水量极丰，而笔锋的吐水量却又能任运笔者随心所欲的节制，故能在很长的线条中饱满滋润，欲粗就粗，欲细就细，既不泛滥，亦不枯渴。在这些情形上看来，尤足证明必然是运用毛笔的工具，才能显出这样的功能。据现时一般考古家的推断，吾国彩陶时期，大约相当于黄帝以后直到夏代。《韩非子》里也说：

禹作祭器，墨染其外而朱画其内。

与一般考古家所推断的时间也相吻合。原吾国自神农以后，农业逐渐发展，人民的生活也逐渐由流动的游牧而到固定。当他们农事余闲的时候，就用他们闲逸的心情，来创造种种所需要的日用品及工具。因此在陶器上的创制，除一般应用的意义以外，尽情发展形体式样以及彩色纹样的美观，以达装饰欣赏的意义，为当时社会生活安定所融铸而成的事实。然这种自由纯熟的高度彩色图案，非有较完善的毛笔工具，实无法完成这种使命，是可作肯定的论断。反过来说，当时的人们能够创制这样精美的彩色陶器，而不能创制较简单而可彩绘陶器的毛笔，也是不合情况。故吾国的毛笔，在新石器时代，我们的祖先已早经创造而且普遍地应用了。

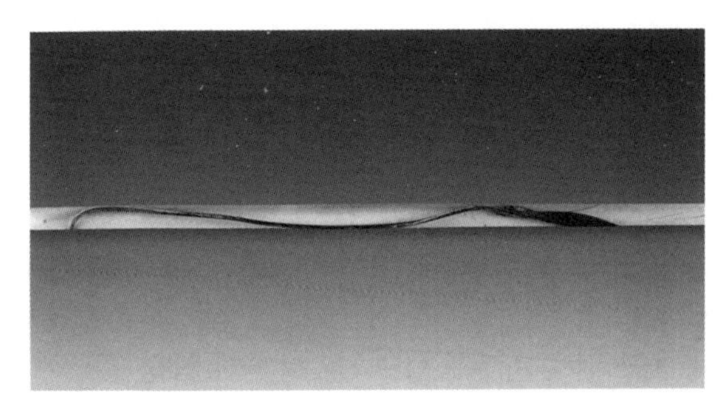

毛笔　战国

到了秦代，商业日见兴盛，在一切所需的日用品，更有进一步精美的必要。对于过去所用的毛笔，在应用上也一定感到不能满足，故蒙恬起而加以损益，这也是社会发展上的自然规律。自毛笔经蒙恬改进以后，对于制毛笔的技术而说，是有所进步的。此后吾国的书写文字，绘制图画，均以毛笔为工具。并由吾国推广到整个亚洲，与西方的鹅毛笔、钢笔、铅笔截然划一鸿沟，各守疆域，不相侵犯，这是何等光荣的事实！因此也可知吾民族、吾祖先，在任何方面，均有独特的精神与智慧，独特的创造与成就，不是偶然的。

吾国毛笔的制造，自秦蒙恬以后，历代均有人研究。不过唐以前研究的人多是书画家。换句话说，就是唐以前的书画家，往往兼从事研究制笔工作；自唐以后渐渐将全部制笔技术让给制笔工作者，成为一种专业的技术人员，前后的情形两相不同罢了。

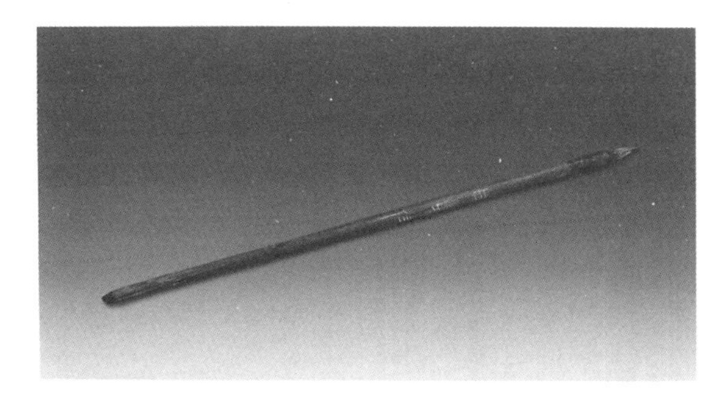

“白马作”毛笔　汉代

毛笔　汉代

历代研究制笔的人，自秦代蒙恬以后，晋代有卫夫人铄、王右军羲之及韦诞等，均有研究制笔的文字著作。当时还有韦昶，他所制的笔，王子敬叹为绝世。梁代有南朝姥，工制笔，尤擅长制胎发笔心，以为专业。唐代有黄晖、苌凤，他们所制的笔，为书家齐己、文士罗隐等所赞颂喜爱。到了宋代，专业制笔的技术人员，逐渐增多，如诸葛高、李晸、许颂、程奕、吴政、俞俊、张武、张耕老、严永、郎奇、侍其瑛、李展、张遇、屠希、蔡藻、汪伯立等等，见于文士书画家的诗文笔记中，恐不止三五十人之多。其中尤以诸葛高为最有名。诸葛高，宋安徽宣城人。世代专工制

毛笔　东晋前凉

笔，至高，尤以制笔技术闻名当代。他所制的笔，有紫毫、鼠须、老兔、鸡毫诸种，久用而力不衰，为宣州笔派的圣手。

宣州笔派，起于何代，无从详考。唐韩退之《毛颖传》里说："颖，中山人也。秦蒙恬南伐楚，次中山。猎围毛氏之族，拔其毫，载颖而归。秦皇帝使恬赐之汤沐，而封诸管城。"《戒庵漫笔》中说："唐宣州中山县也。宣州，自唐以来，多名笔。"故宣州笔派的历史，可断定为秦蒙恬以后唐代以前无疑。原来宣州中山，向来以产兔子出名，为南兔中最上等的制笔毫料。而宣州笔派，也自然以制紫毫、紫兼毫、老兔等笔为有名。现在京沪各地的胡开文等笔墨庄，就是宣州笔派的代表。

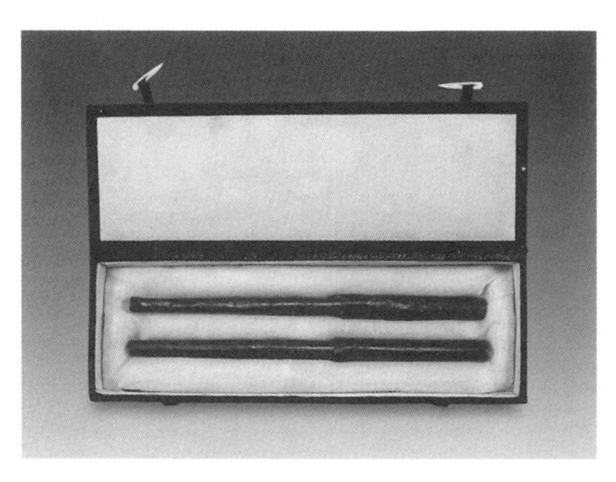

毛笔　宋代

到了元代，有冯应科、张进中、吴升、姚恺、杨茂林、沈秀荣、潘文新、范君用、范君实、周伯温等，不烦详举，读仇远《金渊集》赠溧水杨茂林诗，有“浙间笔工麻粟多”的句子，就可知道当时的大概了。其中以冯应科、沈秀荣、潘文新，尤有独特的造诣，为当时的书画家及文士所赞颂。冯应科，吴兴人，能将湖州笔派树起很高的旗帜。

谈到我国毛笔的有名产地，凡是知识分子，脑子里就会记起湖笔出产地的湖州。湖州，就是现在浙江的吴兴，据湖州的老制笔的技工说：“晋王羲之，擅长书法，工制笔，曾结庵于吴兴的善琏镇，教居民仿习制笔的技术，因此镇中的男女老幼，多习制毛笔为职业，到了现在，还是这样。这是湖州笔派的由来。”这话是否真实，尚待考证。到了元代的冯应科，他制笔的声誉，竟与赵子昂的人物、钱舜举的花鸟，并称为“三绝”。故湖州笔派自冯应科以后，已驰名于东南各地。到了明初，有陆文宝、陆继翁、施文用、王古用、张天赐等继起，直使湖州派的毛笔，声飞寰宇，有口皆碑。它的原因确为制笔技术有独特精妙之处，为各派所不及。《考槃余事》也曾说：“海内笔工，皆不若湖州之得法。”

湖州笔派所制的笔种，虽也制紫毫、狼毫、鸡毫、兼毫等等，然尤以制羊毫笔有名。它的原因，是由于湖州本地原出产羊毫毫料，质量均佳，兼以特等优良羊毫料出产地的硖石、嘉善等地区，与湖州比邻，有优先选办羊毫毫料的条件，实有连带的关系。抗日战争兴起，因战争的影响，湖州的制笔业，大部迁至苏州营业，因苏州离战区稍远，兼以邻近上海，运销各地，也较方便。

明代有名的制笔专家，除湖州派的陆文宝、施文用等以外，尚有刘文节、傅子封、许颖、郑伯清等，均有声誉于当时。到了清代初年，有张文贵、刘必通、孙枝发、夏岐山、潘岳南、王谔廷、陆锡三、姚天翼、沈秀章、王天章、陆世名等，也极有名。张文贵，杭州人，尤以精制画笔闻名远近，《考槃余事》曾极力加以赞扬，然现在已查不到他笔店的所在地了。

除以上宣、湖两大笔派以外，尚有江西、镇江、湖南诸派。江西派，原宗宣州派，它的历史尚早，现在汉口的邹紫光阁笔庄，就是江西派的嫡传。镇江派，以专制水笔有名，精致耐用，销行各地，势力颇广。湖南派，原宗江西，不过近百余年的历史，以制羊毫笔及鸡毫笔有名，但工料不及湖州派认真。它的势力，流行西南几省。然售价尚廉，颇为一般人所乐用。京沪各地笔庄中，也有兼售。

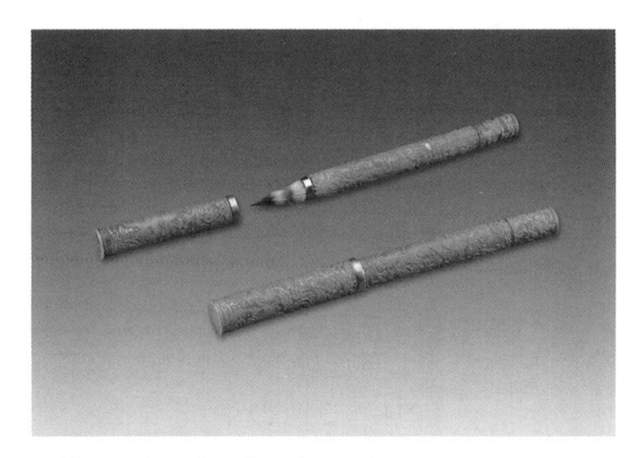

竹雕云龙纹管貂毫笔　明万历年

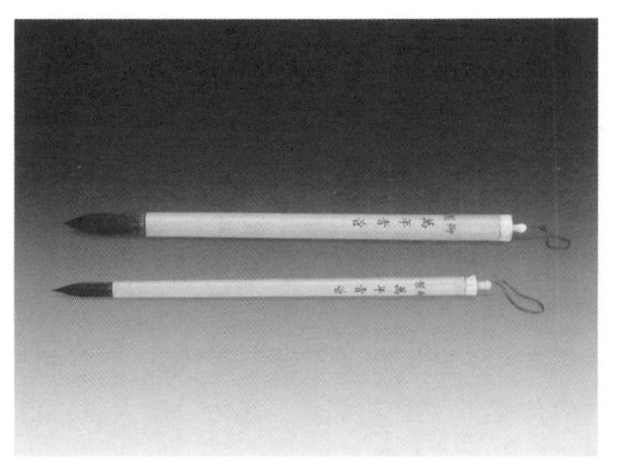

万年青管御制狼毫笔　清代

第三　笔的种类

吾国笔的历史，既非常久远，对于制笔的材料，也自然有多样的推移与变化，略叙如左：

竹梃笔

《洞天清录集》：“上古以竹梃点漆而书。”

竹　笔

宋《嬾真子》说：“古笔多以竹，如今木匠所用木斗竹笔，故字从竹。”

查现在木匠工作者所用的木斗竹笔，长约六七寸，上圆细而下平扁，或薄片，宽约半寸弱，成斜刀形，用刀丝其末，使能受墨，实为极古竹笔的遗制。但笔丝不甚细，故极强硬，可划木料上准则的墨线，绝不能用舌去舔。

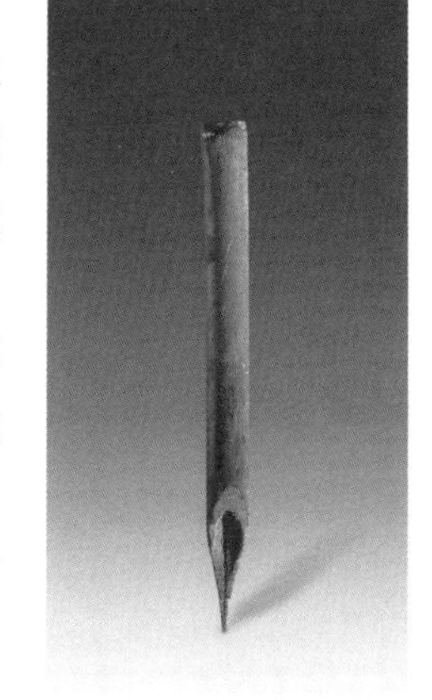

竹笔　西夏

又《文房四谱》：“今之飞白书者，多以竹笔，尤不佳。”

查飞白书，是用一种特制的扁笔书写，大约与现时油漆工作者所用的漆帚相似。故《文房四谱》中所说的飞白竹笔，定属扁平的竹片，丝其末而制成的。虽笔丝较木斗竹笔为细，便于书写飞白，然它的性格，仍较强硬，事实上恐也不能耐久。《文房四谱》因评它："尤不佳。"然这种书体，近已淘汰，这种竹笔，也无人能制造了。

以上木斗竹笔与飞白竹笔，均是略带平扁的笔类，与竹梃笔及竹管毛笔，作圆形的不用。

骨　笔

《法苑珠林》："析骨为笔。"

这种骨笔，形制如何？无从考查。以意度之，大概或与周口店所发掘的尖骨器相似。

铅　笔

古人以铅写字，叫铅笔，与现在所制的铅笔不同。《东观汉记》说："曹褒，寝则怀铅笔，行则诵文书。"

荆　笔

《拾遗记》："任末，字叔本，年十四，削荆为笔。"

这种荆笔，当与尖木笔相似，可以画地书写。

荻　笔

《南史·陶弘景传》："弘景，年四五岁，常以荻为笔，画灰学书。"

木　笔

《孔氏六帖》："于阗以木为笔。"

这种木笔，恐与《拾遗记》所载的荆笔相似。

箕篙笔

《文房四谱》："晋王献之，能以箕篙泥书作大字，方一丈，甚为佳妙。"

箕篙，即是细竹枝所制成的扫地竹帚，蘸泥书写大字，故叫"泥书"。

竹篺帚笔

江浙等地的泥水工作者常以竹篺制成石灰刷帚涂刷墙壁之用。乡间墙壁上书写大字，往往无适当大笔，就借用石灰刷帚，书写墙壁上的大字。

棕丝笔

《绘事琐言》载画笔中有大斗棕笔、小斗棕笔，均用棕丝制成，取其刚劲。又乡间无大笔，往往缚棕丝为笔，书写墙壁上大字。

竹丝笔

用竹丝所制成的笔叫竹丝笔。《负暄野录》说："吴俗近日却有用竹丝者，往往以法揉制，使就挥染”。《玉楮集·试庐陵贺发竹丝笔诗》有“何人心匠出天巧，缕析毫分匀且轻。居然束缚复其始，即墨纡朱封管城”等句。可以推想竹丝笔的大概。然这种笔，究不及毛笔的美妙，故现在已无人制造了。

相思树皮笔

《文房四谱》：“今之飞白书者，多以竹，尤不佳。宜用相思树皮，棼其末而漆其柄，可随字大小，作五七枚妙！往往一笔书一字，满一尺八屏风者。”

茅丝笔

明代陈白沙献章用山茅丝制笔，号茅龙先生，颇精美。丝长二三寸，坚韧劲健，粗看不知用茅丝制成，现在广州尚有一二家笔店能制造，可以定制。

蒙草笔

明丰坊《书诀》：“朱元晦，用蒙草笔，不久即秃。”

蒙草即菟丝，是用菟丝丝代兽毫制笔。易秃，不耐书写。

羽毛笔

王佐《文房论》："广东番禺诸郡，多以青羊毫制笔，或用鸡鸭毛，或以雉尾，五色可爱。"

毛　笔

凡用各种兽毫、人发、人须等所制成之笔总称它为毛笔。人发、人须、胎发在古代曾偶用它制毛笔，然非制笔良材，已早淘汰。

以上所列笔的种类，虽有近二十种之多，但骨笔、木笔、荆笔、荻笔等，虽名为笔，实非吾国濡墨染色正式写字绘画的工具。竹梃笔、箕箒笔、蒙草笔、相思树皮笔等早已淘汰，仅在古籍上存留它的名称。茅丝笔、棕丝笔、竹箨帚笔虽也有少数人偶然的应用，也非精美的品种。鸡雉鹅鸭等羽毛笔过于软腻，运用不便，虽有少数人喜爱，也无关笔的重要位置，而且依习惯已将它划入到毛笔的范围中去，实可不必另列项目。至于近时西洋新输入的铅笔、钢笔等，中国画家也常用它勾写生或创作等草稿，它的作用仅等于柳炭、火煤，也就略而不谈了。总之，吾国的笔类，自周口店尖骨器为远祖以来，由新石器的彩陶时代起，有毛笔并普遍应用了以后，一直到现在为止，可以说全为毛笔所独占。

第四　毛笔的别名

吾国的毛笔，因时代地域发展不同的关系，名称别号亦极多样。兹择要举例如下：

聿　毛笔的古名。《说文》："楚谓之聿。"

不律　《尔雅》："不律谓之笔。"《说文》："吴谓之不律。"

拂　《说文》："燕谓之拂，秦谓之笔。"

翰　笔的代名，古以羽翰为笔，故以代笔。潘岳《秋兴赋》："染翰操纸。"

毛颖　笔的别名。唐韩昌黎有《毛颖传》。

毛元锐　笔的别名。《文房四谱》："毛元锐，字文锋，宣城人也。"

毛文锋　笔的别称。文嵩《管城侯传》："毛元锐，字文锋，封为管城侯。"

毫锥　纤锋细管笔的别称。《白乐天集》，白乐天与元微之，各有纤锋细管笔，携以就试，目为毫锥。又《负暄野录》："世称笔之锋短而锐者为毛锥。"

毛生　笔的代名。《雪鸿轩尺牍》："不得不急倩毛生，代述鄙衷。"

毛锥子　笔的别号。《五代史》："史弘肇，有大志，尝谓人曰：安朝廷，定祸乱，须长枪大剑。若毛锥子，安足用哉?”

尖头奴　笔的别号。宋次公以墨四丸，笔五枝，赐杨时可，杨因作一绝诗说：“尖头奴有五兄弟，十八公生四客卿。”

秃友　秃笔的别称，见《清异录》。

退锋郎　秃笔的别号。《清异录》：“赵光逢游襄汉，于溪上见一方砖，类碑，上题：‘秃友退锋郎。’盖好事者瘗笔所在。”

龙须友　笔的别称。《龙须志》：“郗诜射策第一，再拜其笔曰：‘龙须友使我至此。’”

管城子　笔的别号。韩愈《毛颖传》：“赐之汤沐而封诸管城，号曰管城子。”黄庭坚诗：“管城子无食肉相。”

宝相枝　陶穀《清异录》：“开元二年，赐宰相张文蔚、杨涉、薛贻宝相枝各二百。”宝相枝即斑竹管笔。

管子文　笔的别称，见《大唐奇事》。

八体书生　笔的别号。马总《大唐奇事》：“李林甫为相初年，有一布衣诣谒之，自称业八体书生管子文。及去，令人逐之，至南山石洞，遂不见，唯见有旧大笔一管。”

翘轩宝帚　笔的别号。《清异录》：“伪唐宜春王从谦，用宣城诸葛笔，一枝酬以十金，劲好甲当时，号为翘轩宝帚。”

柔翰　笔的代名。左思《咏史诗》：“弱冠弄柔翰，卓荦观群书。”

纤锋　笔的代名，成公绥《弃故笔赋》：“属象齿于纤锋。”

彤管　赤管笔的名称。《诗经》：“贻我彤管。”《后汉书》：“女史彤管，记功书过。”

漆管　漆管笔的代名。梁元帝《谢东宫赐白牙镂管笔启》：“春坊漆管，曲降沵恩。”

素管　素竹管，笔的代名。傅休奕杂诗：“握素管，搦采笺。”

越管　越笔的代名，见薛涛诗。

宣毫　宣笔的代名。薛涛诗：“越管宣毫始称情，红笺纸上散花琼。”

鸡距　笔的别名。白居易《鸡距笔赋》：“不名鸡距，无以表入木之功。”

除以上所举之外，尚有中书令、中书君、管城侯、文翰将军、墨曹都统、黑水郡王、毫州刺史、藏锋都尉、畦宗郎君等等，不烦详列。又笔神名佩阿，又名昌化，见《致虚阁杂俎》。全系文人好奇游戏所假设的称呼名号，或系迷信，或极封建，从略。

第五　毛笔的毫料

制毛笔的毫料、自然以兽毫为主体，然古代胎发、人须也曾用它作制笔的毫料，鸡雉鹅鸭等鸟羽，至今还仍在应用，应附带说明，兽毫并不是都可以制造毛笔，例如胡羊毫的毛身弯曲，老鼠毫的毛身过短，均不合制笔的条件，不能采用。又兽毫的长短、刚柔、粗细及毫锋的尖利与否，与制笔的大小、长短、刚柔、软硬、精粗、好坏有绝对的关系，尤须注意。

兔毫　卫夫人《笔阵图》："笔要取崇山绝仞中兔毛，八九月收之。"

王右军《笔经》："广志会献云：诸郡献兔毫，书鸿都门，惟赵国毫中用。意谓赵国平原广泽，无杂草木，惟有细草，是以兔肥毫长而锐，此良笔也。凡作笔须用秋兔者，仲秋取毫也。所以然者，孟秋去夏近，其毫焦而嫩。季秋去冬近，其毫脆而秃。惟八月寒暑调，乃中用。"

《元和郡县志》："兔毫各地均有。出产宣州溧水县中山，在县东南一十五里，制笔精妙。"

《负暄野录》："韩昌黎为《毛颖传》，知笔以兔毫为正。然兔有南北之殊。南兔毫短而软，北兔毫长而劲。背领者，其白如霜雪，毛作笔，极有力。然纯用北毫，虽健而且耐久，其失也不婉。纯用南毫，虽入手易熟，其失也弱而易乏。善为笔者，但以北毫束心，而以南毫为副，外则又以霜白毫覆之，斯能兼尽其善矣。”

《考槃余事》：“兔在崇山绝壑中者，兔肥毫长而锐。秋毫取健，冬毫取坚，春夏之毫，则不堪用矣。”

湖州王一品制笔技工说：“兔子江南江北各地均有出产。产江南各地的叫本兔，产江北各地的叫淮兔，两者均可应用。然淮兔毛质往往不及本兔佳良，南兔尤以宣州所产的为最上品，故宣州以宣兔制笔，极有声誉于全国。不似狼毫制笔，必须采用关外的黄鼠狼尾，才合应用。故各笔店狼毫笔，必标明北狼毫二字，以表示用关外狼尾毫所制成。”

杭州石佑文笔店主人说：“兔毫，即江南江北所产的野兔毫，得之穷山绝壑者尤佳。近时沪杭各地所饲养的白色与黑色似野兔而稍大的兔子，实是鼫鼠，它的毛较细软，殊不适合制笔的应用。秋毫取健，冬毫取其坚利，故极品长锋紫毫笔，必须取冬毫以合坚利不乏的条件。故紫毫笔标上，往往加刻一冬字，如纯净冬紫毫等。”

据以上种种所说，觉《笔经》中所载的“赵国平原广泽，多细草”，所产的兔子“毫长而锐”，以及兔的冬毫“既脆且秃”等话，不足为据。

紫毫　兔子的背颈上，有二种枪毫：一种白色的，叫霜白毫。一种紫黑色的叫紫毫，又称箭毫，比普通的兔毫坚长健利，且有弹性。这种紫色枪毫，实为诸兽毫中最健硬的上等毫料。（猪毫、猪鬃、野猪毫、野山羊毫及日本人所用的山马毫等，虽比紫毫为硬，但粗犷不纯，非笔料上品。）惟每只兔皮上所产的紫毫为数极少，非常名贵。白居易诗：“紫毫笔，尖如锥兮利如刀。江南石上有老兔，吃竹饮泉生紫毫。宣城之人采为笔，千万毫中拣一毫。”又白居易诗：“每岁宣城进笔时，紫毫之价如金贵。”

湖州王一品制笔技工说：“大约兔皮千张，可采制紫毫柳叶联笔八十枝，较短的紫毫，可用它制紫毫中楷、紫毫小楷及紫画毫小楷等，兔毫除背领上的枪毫以外，其余就是花毫，叫它花毫的理由，是因为毛的前端为紫黑色，毛的根部为白色，与枪毫的全黑全白不同，毫锋部分黑色稍长，毫根部分白色稍短的名叫三花，次为四花，又次为五花，最次为六花，全用它制小楷水笔的材料。

又北京老胡开文制笔技工说："紫毫以江、浙、皖三角洲所产为最佳，名叫本山毫，产江北的叫淮兔，毛根软而微带扁状，不能做主毫，只能做副毫的应用。"

紫毫最长不过一寸多些，故只能做大联笔。大匾额斗笔，绝无用紫毫制的。又紫毫的锋，为各兽毛中最健锐的一种，近锋的前端稍粗而且圆劲，然毫的腰部稍软，根部稍细弱。故制笔时，须注意副毫被毫的配置才无腰软根弱等病。

紫檀木管嵌象牙刻花填金斗紫毫提笔　清乾隆年

羊毫 就是普通的山羊毫，我国各地均有出产，然以嘉兴硖石所出为最佳。《戒庵漫笔》说：“造笔羊毫，天下皆出，以嘉兴、硖石第一，秀水等次之，嘉善、崇德、海盐县不甚佳。今则盛行湖笔，皆出湖州者也。”

吾国古代的毛笔，以兔毫为主要的毫料，以羊毫、鹿毫等为副料。自宋元以后，羊毫笔渐渐通行，始与兔毫笔并驾齐驱。到了清代，竟成为有过之无不及的情况。它的原因：一为羊毫精纯锐直，二为羊毫锋颖圆韧，三为羊毫软硬得中，四为羊毫长短随意，五为羊毫粗细自由，六为羊毫价廉易得。羊毫有乳羊毫，既细且软，可制纯羊毫小楷。有顶尖毫，稍粗而健，可制普通联笔。前腿内侧两旁及肋骨附近有长四五寸的长毫，可制大号长锋纯羊毫笔及匾额笔。羊尾、羊须较粗硬，可制大号斗提笔。有以上各项优点，自然能占制笔毫料的主要地位，绝非偶然的事情。

湖州王一品制笔技工说：“湖州自元代冯应科以后，以制羊毫笔名天下。所用的羊毫，除采自本地所产外，向嘉兴、硖石等地收购。湖南所制的羊毫笔，也尚有名，他所用的上等毫料，也向吾浙采办。”

制笔的笔毫宜陈宿多晒，则污垢尽去，方合应用。故笔标上，常刻有宿羊毫的宿字。

杭州石佑文笔店主人说："羊毫毫料，可制数十种不同的羊毫笔，故它的分毫等级，比兔毫为复杂。"

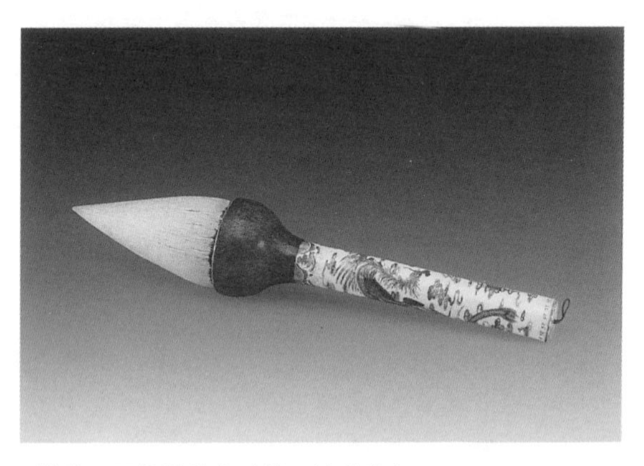

粉彩云凤纹管羊毫斗笔　清乾隆年

羊须　《中天记》："陶隐居用羊须笔封丹鼎。"

青羊毫　《树萱录》："番禺诸郡以青羊毫制笔。"

黑羊毫　即黑山羊的毫。也就是《北户录》所说的羖䍽毫。各地皆有出产，性质与白山羊同。因它色黑，全用它制各种画毫笔以及紫毫笔的副毫。

黄羊尾　钱大昕说："西北之境，有黄羊，西夏国时，尝取其尾为笔。"

黄鼠狼毫　《辞源》：鼬鼠，一名鼪鼠，体长尺许，四肢短小，其行屈曲自由，出入穴中，善捕鼠，夜出遇鸡，则吸其血，不食其肉。若被人追迫，其肛门腺道，放出恶臭，使人难忍，借以免脱，俗称黄鼠狼。其毛可以制笔。谓之狼毫。

杭州邵兰岩笔庄制笔技工说：“现在笔店中所制售的狼毫笔，仅用黄鼠狼的尾毫制成。身上的毛既细且短，不宜制笔。黄鼠狼尾必须购买关外辽东诸地所出产的，才可制笔。因关外所产的黄鼠狼，身体比关内所产者为大，毫亦比关内所产者为长。关外终年多雪，它在雪上行走，尾巴往往在雪地上拖拂，故它的尾毫较长而且坚劲，与关内的黄鼠狼的尾毫，既短而且脆的完全不同。故狼毫笔的笔标上，常标明北狼毫三字，以表明这狼毫笔的毫料来自关外，名贵而且耐用。”

黄鼠狼尾的枪毫，长度约与紫毫相似，可制较大的联笔及画毫笔。其余的毫料可用它制狼毫小楷及水笔。

制小楷的毫料，宜于稍硬与尖锐，故黄鼠狼及兔毫，均极适宜。小楷笔中的水笔，全系用这两种毫料所制成。故黄鼠狼毫，除羊毫及兔毫以外，也为近代制毛笔的重要毫料之一。

全国笔店所用的黄鼠狼毫，必须来自关外。

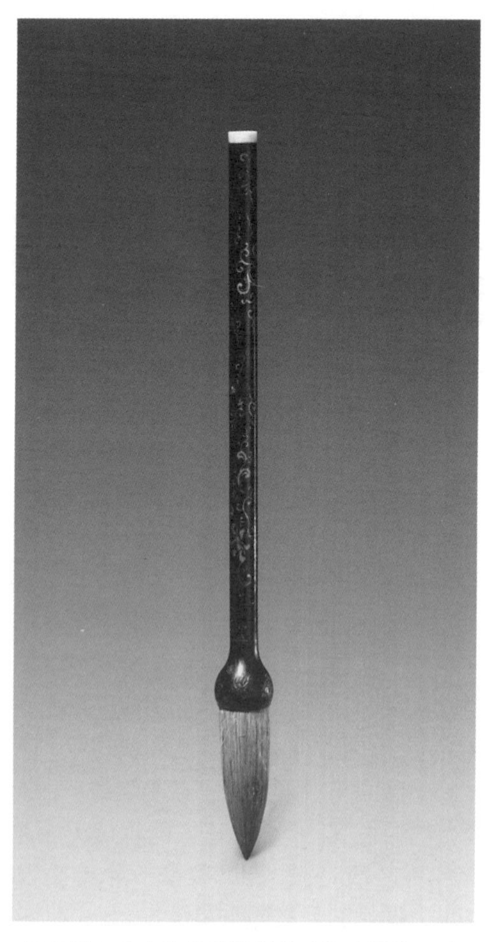

黑漆描金花卉纹管紫檀刻花斗狼毫提笔　清乾隆年

自日人占据东三省后，这种毫料全为日人所统一收购，故国内笔店，需要购买黄鼠狼毫制笔时，须向洋庄采办。解放以后，一切独立自主，再没有这种情形了。

狼毫　《宣和画谱》："胡瓌，范阳人。凡画橐驼及牛马等等，必以狼毫制笔疏染，取其生意。"《考槃余事》："朝鲜有狼毫笔，亦佳。"

以上狼毫是否系黄鼠狼毫所制，未详加记载。依普通情况，狼毫、狼尾，即系指黄鼠狼毫所制的狼毫无疑。然查各种兽毫中如猛虎、猩猩等毫，均可制笔；那么豺狼的毫尾，也一定可以制笔，或者未经我们试用，或者未见古人记载罢了。

猪鬃　王佐《文房论》："永乐中，吉水郑伯清以猪鬃为笔，健而可爱，其心则长。"

野猪鬃　与猪鬃相同，并且不如猪鬃的容易采办。

狗毫　据王一品制笔技工说："狗毫也可制笔，并且常用它做副毫，例如黑狗毫，可做紫毫笔的副毫。黄狗毫，可以做狼毫笔的副毫，用处殊多。"

猫毫　王一品制笔技工说："猫毫也用它制小楷笔。又黑猫毫、黄猫笔，并常用它做紫毫笔、狼毫笔的副毫，用处不在狗毫之下。"

马毫　近时上海制笔技工杨振笔等，用一种白马毫制笔，比普通羊毫为劲健，然毫身不及羊毫精纯，用

青玉管红木斗鬃毫提笔　清代

它制大联笔及染色等尚可用。

马尾　马尾亦可制笔。因它毫身长，宜于制大匾额笔。

马鬃　各大城市笔庄中，常用一种老黄色的粗长毫料造制匾额大笔，名叫虎须。询问杭州石爱文制笔技工，说是用马尾、马鬃所制，名为虎鬃，实系马尾、马鬃所代制。身毫比羊毫为粗，然尚圆直，它的硬度，比猪鬃为弱，比分鬃为强，为制匾额笔的上料。

狸毫　《岭表录异》："番禺地无狐、兔，用鹿毛、野狸毛为笔。"颜色多黑褐，硬度与狼毫近似。

山马毫　日人用一种硬兽毫

制笔，名山马毫，为吾国所未有。毫长二三寸，长紫毫为强健。比猪鬃为稍软，根固毫直，腰部尤健，但毫身不圆，稍画粗犷，用它制大笔殊好。

鹿毫　《古今注》：“蒙恬造笔，以柘木为管，鹿毛为柱。”晋王隐《笔铭》：“岂其作笔，必兔之毫？调和难秃，亦有鹿毛。”

麝毫　梁同书《笔史》：“郑虞谓麝毫一管，可书四十张。”

虎毫　《云仙杂记》：“有僦马生，甚贫，遇人与虎毛红管笔一枝。”

豹毫　上海制笔技工杨振笔制有豹狼兼毫笔一种，亦可用。

猩猩毫　山谷《笔说》：“严永又为余取高丽猩猩毛毛笔，解之，拣去倒毫，别捻心为之，率十六七，用极善。”

丰狐毫　《树萱录》：“番禺诸郡为笔，或用山雉、丰狐之毫。”丰狐即大狐。

獭毫　山谷《笔说》：“往在焚道人处，有严永者，蒸獭毛为余作三副笔，亦可用。”

狨毫　山谷《笔说》：“黟州吕大渊，见余家有割余狨毛，则以作丁香笔，周旋可人。”狨，猿类，体矮小，形如松鼠，被黄色丝状软毛，头圆吻短，尾长，栖树上，它的毛亦可制笔。

虎仆毫　李日华《六研斋二笔》："书抽虎仆，虎仆者，小兽，状似狸，善缘树，皮斑蔚如豹，取其尾毳缚笔，最健，即九节狸也。"

鼸鼠毫　《广雅》："鼸石鼠，出蜀中，毛可为笔。"《笔史》说："即石鼠。"然是否与石鼠同，未详。

蚼蛉鼠毫　《广志》："蚼蛉鼠毛，可以制笔。"

貂鼠　《笔史》："明藏晋叔，以貂鼠令工制笔，圆劲稍觉肥笨。"

鼠须　《法书要录》："右军写《兰亭集序》，以鼠须笔。"世说右军得笔法于白云先生，白云先生遗以鼠须笔。又于相传钟繇、张芝，皆用鼠须笔。

吾国用鼠须笔甚古，挺健尖锐，足以比肩狼毫。然长度亦与狼毫相似，仅能制中楷笔。又因鼠须采办较难，故不及紫毫、狼毫的普遍。近时各大城市笔店中，也间有制售，但多以其他兽毫代制。

栗尾　松鼠，又名栗鼠。它的尾毫可以制笔。《归田录》："蔡君谟为予书序刻石，其字甚精。余以鼠须栗尾笔、大小龙茶、惠山泉等物为润笔，君谟大笑，以为清而不俗。"

龙筋　《笔史》："笔有丰狐、蚼蛉、龙筋、虎仆……虽奇品,而醇正得宜，不及山中兔毫。"龙筋，究系何兽？未详。

人发　右军《笔经》："采毫竟，先用人发杪数十根，杂青羊毫并兔毳，裁令齐平。”

胎发　《焦氏笔乘》：“南朝有姥，善作笔，萧子云书，常用此笔。笔心用胎发。”

人须　张怀瓘《书断》：“岭南无兔，尝有郡牧得其皮，使工人制笔，醉失之，大惧，因剪己须为笔，甚善。”

鸡毫　陈眉公《妮古录》：“宋时有鸡毫笔。”

雉毫　《博物志》：“山岭外少兔，以鸡雉毛制笔，亦妙。”

鸭毫　鸭毫笔见《北户录》。

鹅毫　白香山《渭村退居》诗：“对秉鹅毛笔，俱含鸡舌香。”

雁翎　《负暄野录》：“闽、广间，有鸡羽、雁翎等为笔。予尝用之，究其软弱无取。”

孔雀毫　日人有用孔雀毛制笔，与雁翎等相同，实无可取，仅以奇罕夸炫于世人罢了。

以上所录毫类，名目虽多，但大多数均已废弃不用。它的原因：或为不甚合制笔的条件。或为兽类稀少，不易采办。或为某毫与某毫的性质相似，而价贵贱不同，与制造时的难易不等，固选用某种而屏弃某种。故吾国制笔毫料，至目前为止，以羊毫、兔毫、狼毫三种为主材。三者之中，尤以羊毫、兔毫为重要；狼毫次之；猫毫、狗毫、马毫、猪鬃等又次之。

杭州较大的笔庄如邵芝岩、石爱文两家，均无鼠须与鹿毫等制作，大不及日本鸠居堂笔庄所用毫类之多。这个原因或为用者只求价廉，因陋就简，不加巧究。二因造笔者只知价廉易销，省其难采名贵的原料，墨守旧法，不知扩展，而造成目前的状况，实须注意。又吾国画家用以作画的画笔，以目前所用的笔类式样而论，是否已够，应加研究。

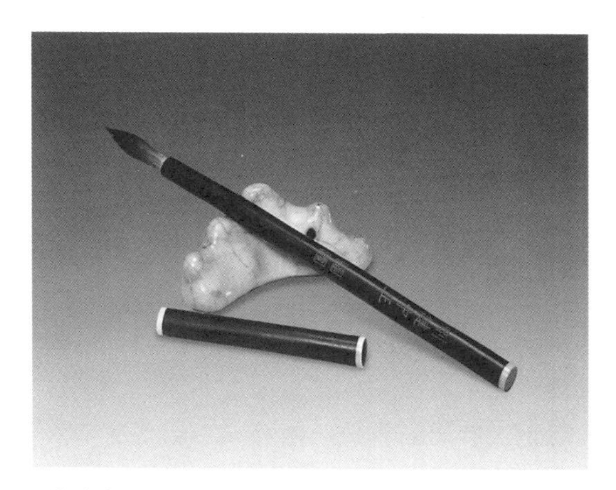

紫檀木管刚健中正貂毫笔　清乾隆年

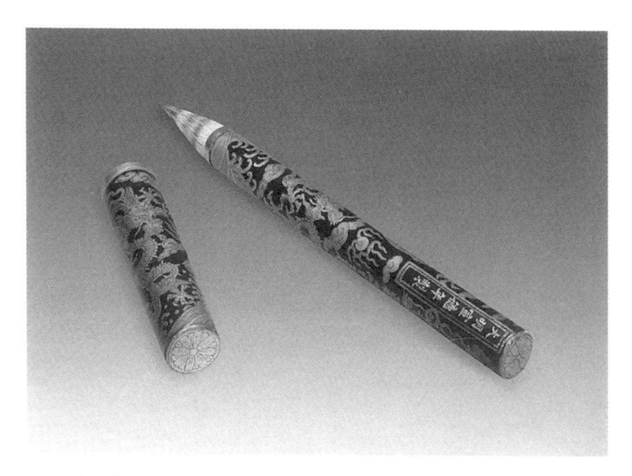

黑漆措金云龙纹管兼毫笔　明宣德年

第六 毛笔的管套

笔的管套。笔管俗名笔梗，又名笔干。笔帽俗名笔套，又作笔弢，古名笔鍣。鍣系铜制笔套，见《诺皋记》。又名笔榻，见《澹山杂识》。为保护笔头最简单的设备。制笔管、笔套的材料，大概以水竹为主材，木材次之。除竹木外，历代用以制管套的材料极多，兹列举如下：

水竹　各地均有出产，以产浙江余杭县者最有名。安吉、归安、孝丰等县次之。圆劲细直，节长心细，色淡黄，坚致可爱，极合制笔管、笔套之用。

石佑文笔店主人说："笔管竹产浙江余杭，全国笔店多向余杭采办。"

斑竹　即淡绿色而有圆斑文的细竹。又名湘妃竹。好的斑竹，文如螺旋而色紫。没有文的地方则碧玉。产湖南、广西诸省。《清

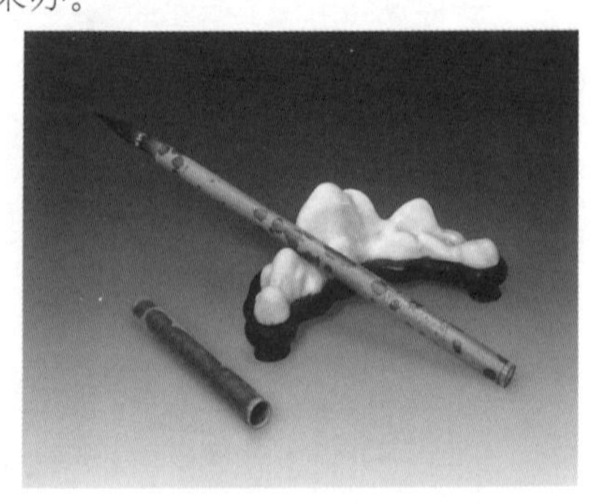

斑竹管河洛呈祥紫毫笔　清乾隆年

异录》："开元二年，赐宰相宝相枝各二十，斑竹管也。"

柘木　落叶灌木，产北地，干疏直，可制笔管。《古今注》："蒙恬造笔，以柘木为管，鹿毛为柱，羊毫为被，非兔毫竹管也。"

松枝　《汗漫录》："司空图，隐中条山，芟松枝为笔管。"

红木　产云南及南洋各岛，木质细密坚重，色紫红可爱，颇为宝贵。近时大城市诸笔店常用它制大斗笔的笔斗、笔梗，沉重质实，极为得体。

枏木　或作柟木，俗作楠木。常绿乔木，产黔、蜀诸地。木材有赤白两种，赤色的坚密芳香，颇名贵。近时各笔店也有用它制笔斗、笔管。

紫檀　常绿亚乔木，产于热带，色赤，质甚坚重，也常用它制笔斗、笔管，见《通雅》。

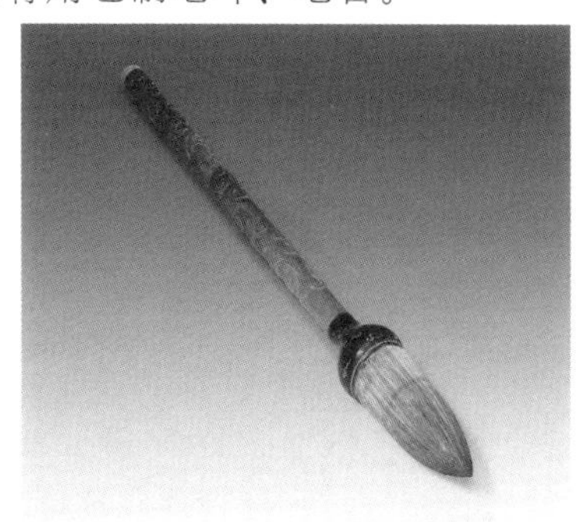

檀香木雕双凤纹管紫漆斗紫毫提笔　清乾隆年

花榈　又名花狸，亦作花梨，为海南文木的贵重者。色紫红微香，老的纹拳曲，嫩的纹直。它的节纹圆晕如钱，大小相错，坚理密致，尤为贵重。古时常用它制笔斗、笔管，见《通雅》。

花梨木管发羊毫抓笔　清乾隆年

棕竹　木名，干纤密丛生，色黑紫，有丝纹，坚致可喜。也常用它制管。《蕉窗九录》："古有棕竹管、紫檀管、花梨管。"

金　《梁书》："元帝为湘东王时，用笔有三品。一金管，一银管，一斑竹管。"

银　见《梁书》及《通雅》。

镂金　《唐六典》："唐有十四种金，一曰镂金。"

玉　《研北杂志》："袁伯长，有李后主所用玉笔，管上镌有文字，镂甚精。"

青玉凤纹管笔　明代

水晶　《戒庵漫笔》："天子御用笔，至夏秋用象牙、水晶、玳瑁等，皆内府临时发出制造。"

琉璃 右军《笔经》："昔人或以象牙、琉璃为笔管。"
玳瑁 《蕉窗九录》："古有玻璃管、玳瑁管。"

玳瑁管紫毫笔 明代

麟角　《拾遗记》："晋武帝以《博物志》成，赐张华麟角笔管，辽西所献也。"

虬角　近时京沪各笔店，有用虬角制笔斗、笔梗，色翠绿，坚致美观。虬为蛟龙一类，虽有其名，未曾目见，名为虬角，自可疑问。询问制笔工人，谓"系海马牙，颜色系人工所染成"云云。

犀角　《朝野佥载》："欧阳通，以象牙、犀角为笔管。"

牛角　近时各大城市笔庄中，颇通行牛角制笔斗、笔管，及管顶盖等，极为精丽。白牛角尤美观。为制大笔斗的最上等材料。

象牙　见右军《笔经》及《朝野佥载》，不及牛角、红木朴厚。

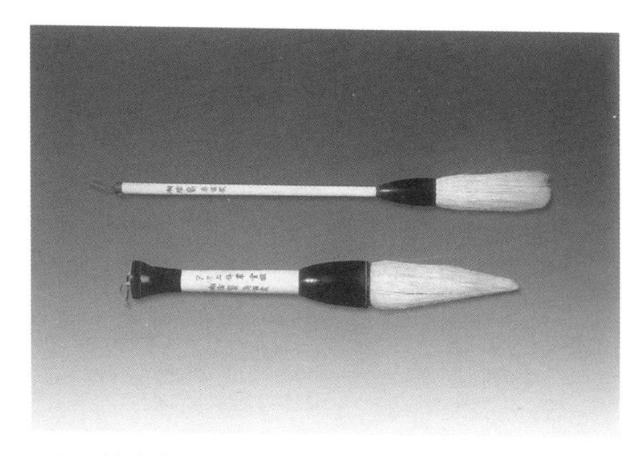

象牙管牛角龚英制羊毫提笔　清代

牛骨　近时各地笔店，颇通行牛骨为笔斗管及管顶盖，色泽清新，价亦不高，颇美观可用。

赛璐珞　近时上海笔店，有用赛璐珞制笔管套，颜色虽眩目，但光滑而质轻，殊不合制管、套的条件。

假象牙　与赛璐珞相似。

铜　古时未见有用铜制笔管，然用铜制笔套，则殊古。名笔鐥，见《诺皋记》。自近代水笔盛行之后，每用它略藏水分，以养护水笔的笔头。

其他如彤管、绿沉漆管，以及奏本、乌龙水所用的黑管，用竹管或木管为底，加以有色的油漆而成，不另列名目。

吾国向以笔为文房四宝之一，故笔的管套，有用金、银、玉、水晶、玳瑁、犀角、象牙等名贵物品为装饰，竭尽奢侈富丽之极则，似觉非此不足以表示他的身份与阶级。自然是封建社会剥削阶级思想的一种表现，不合于实际的应用。右军《笔经》说："昔人或以琉璃、象牙为笔管，丽饰则有之，然笔须轻便，重则踬矣。"近人有以绿沉漆竹管及镂管见遗，斯亦可玩，何必金玉。屠隆《笔笺》："古有金管、银管、斑管、象牙管、玳瑁管、玻璃管、镂金管、绿沉漆管、棕竹管、紫檀管、花梨管。然皆不若白竹之薄标者为管，最便于用，笔之妙尽矣。"

笔的管、套，自然以竹为最合持用的条件。而且价廉物美，为制管、套的最上等材料。斑竹色彩花纹，尤为美观，惟价稍贵。杂木为管，虽通行古代，然自水竹、斑竹盛行以后，渐见淘汰。到了近代，除大斗笔用红木、紫檀为斗及干以外，已没有用木材以制笔管、笔套了，但日人至今制笔还常常以杂木制笔管，尚存古制。

以水竹及斑竹做笔管、笔套，须取用冬竹。否则易于虫蛀，春竹尤甚。《戒庵漫笔》说："笔干竹，冬管不蛀，春斫者则蛀。"倘笔的笔管一蛀，那么所制的笔头，虽精工美好也没有用。此点制笔工作者原须注意，而山乡研笔工作者尤须注意。

大匾额笔用大竹管，持用时颇感粗笨，故用斗提干为适宜。普通联笔及兰竹笔等，也往往用小斗细层干为灵便。故近时京沪各笔店，除须眉等笔外，每用小斗细长管，以合作画时的应用。

斗提匾额笔的斗管须稍重，故以红木、牛角为上等材料，花梨、紫檀亦可。赛璐珞、假象牙不合制管斗的应用，应加废弃。金玉、水晶、琉璃等，淘汰已久，不加褒贬了。

第七　毛笔的制造

毛笔的制造，虽因变迁发展与各地域派别的不同，有所异样。大体的次序，却没有什么相差。一九五一年，浙江省土产交流展览会，湖州笔店王一品有它的出品陈列，同时并有制笔程序的简单说明书，以备观众参考。即抄录于下：

(1) 浸皮　先将制笔的有毛生皮，浸入清水缸中，至皮板全部透湿为度，时间大约一日夜，才从缸中取出，以清水洗之，并使皮上之毛顺向。

(2) 发酵　将浸软之兽皮，掺以草柴灰，逐张压叠在平铺的稻草地上。压叠完成后，四周及顶上，再以稻草封之，使其发酵，呈腐臭状，即行取出。

(3) 采毛　兽皮发酵至适当程度时，毛与皮已呈脱离状态。即将特制之铁齿梳，顺毛之方向推采之。

(4) 选毫　将皮上推采之毛，全部放置于圆水盆口之搁板上，施以初步拣选，除去无用之绒毛及杂毛等，所剩余者，即谓之毫。

(5) 分毫　每种兽皮，其所含之毫类，往往有七八种之多，故对于上所选就之统毫，必须再予分类，始可制成各种不同的笔类。

(6) 熟毫　将分就之毫，由水盆部配成各种不同之笔头毫片发出，再将笔头毫片根部浸以石灰水，竖于盆子内，一日夜即变黄色，成为熟毫。

(7) 扎头　将熟好之笔头、毫片，捻成笔头，根部上以薄胶水，晒干，以细弦线紧扎成笔头。至此笔头制造工作，始告初步完成。（水笔根部则上松香，因水笔用时，笔头含水不干，若上胶水，则易脱毫。）

(8) 装置管套　将扎成之笔头，分别装置管套。

(9) 剔毫　笔头装置管套后，交由专门技工，剔除性质不合之杂毫，使书写时无障碍发生。

(10) 刻字　笔管上刻以名称或古诗句等以标明笔的种类及功用。至此笔的制造工作，始全部完成。

羊毫料是收购已拔好的毛料，不连皮板，故初步工作，与其他毫料不同。像王一品技工说："羊毫向湖州本地及嘉兴硖石一带收买，系已拔好的毛料。它的初步制法，先浸以冷水，约一日夜，取出，分全毫的长短为数种，用骨梳将粘在毫根的根皮梳去，逐次将锋头抽齐，根却用刀切平，成为料子，可以制笔。”其余的程序，与以上所记相同。

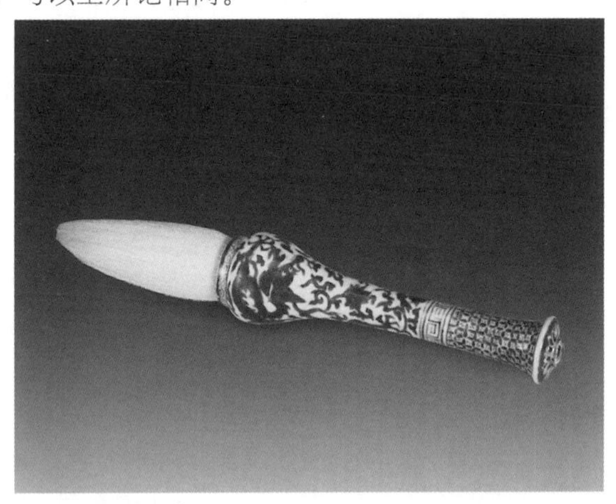

青花缠枝莲龙纹管羊毫提笔　明万历年

制笔最重要的部分，是笔头。换言之，笔头的好坏，就是笔的好坏。管、套虽与笔的好坏有关，但系一种附带关系。故研究制笔的人可说完全重视笔头部分，《通雅》说：

笔有柱，有被，有心，有副。

古代制笔头，往往先制笔心，李阳冰《翰林禁经》

九生法："一生笔，纯毫为心，软而复健。"又山谷《笔说》："张遇丁香笔，捻心极圆。"副毫，即正毫辅助的毫料，往往搀入在正毫之中。毫心制成后，被以毳毫或截断的毫料，而成柱状，名叫笔柱。柱外再被以薄薄的上毫，使笔锋圆齐，名叫被毫。(被，古与披通。)兹抄录韦仲将《笔墨方》，以为参考：

先以铁梳梳兔毫,及青羊毫,去其秽毛讫。齐其锋端,作扁极,令均调平好,用以裹青羊毛,毛去兔毫头下二分许,然后合卷。(兔毫,即正毫,青羊毫,即副毫。)令极固,痛缬讫。(即笔心。)再以青羊毫裹毫心,名为笔柱,或曰墨池。外复用青羊毫作外被,如作柱法,使心齐,痛缬内管中。(外被,即披毫。)宜心小,不宜大,此笔之要也。

然古代亦有不用笔心的制法，如右军《笔经》中说：

先用人发杪数十茎,杂青羊毛并兔毳(凡兽毫长而劲者叫毫,短而弱者叫毳),裁令齐平,以麻纸裹柱根。次取上毫,薄薄布柱上,令柱不见,然后安之。惟须精择去其倒毛。毛杪合锋,令长九分,管修二握,须圆正方可。

《避暑录》说：

笔出宣州,自唐惟诸葛高一姓,世传其业。治平、嘉祐以前,得诸葛笔者,率以为珍玩。熙宁以后,始用无心散卓笔,其风一变。

“散卓”二字，常见于记载毛笔的各书籍中。杭州邵芝岩、石爱文笔庄的笔单中，也有兰亭散卓宿羊毫、兰亭散卓长锋中楷等名称，实系制笔技法上的专门术语。然询问邵芝岩、石爱文两笔庄的制笔技工，均说:“仅是一种名称，与制笔技法无关。散卓二字也未曾知道他的意义。”只可存疑，不加叙述了。

全枝毛笔，用一种兽毫制造而成的，名叫纯毫笔。例如纯羊毫，即纯用羊毫所制成。纯紫毫，即纯用紫毫所制成。但实际上只有纯羊毫，是全用羊毫制成，因羊毫中，正毫、副毫、毳毫，以及切断的毫料，无不齐全，无须借其他毫料，以为帮助。而紫毫、狼毫，却往往用黑羊毫、黑狗毫、黑猫毫、黄狗毫、黄猫毫等为副毫及毳毫，始可完成。

兼毫，是系两种兽毫兼制而成的。例如羊毫太软，合配以较硬的狼毫，成一种羊狼兼毫笔。它的性质，比狼毫为稍软，比羊毫为稍硬。或以紫毫太硬，合以羊毫，而成一种紫羊兼毫笔。而且两种毫类，搀配的成分，还有多少的不同。例如紫羊毫对搀者，叫五紫五羊。七成紫毫三成羊毫者，叫七紫三羊。八成紫毫二成羊毫者，叫八紫二羊等等。可由用笔的人，合自己的性情习惯，向笔店中选购。但是既系兼毫，即是两种毫料，都是正毫，均须出锋，与副毫的仅辅助正毫而不出锋者不同。

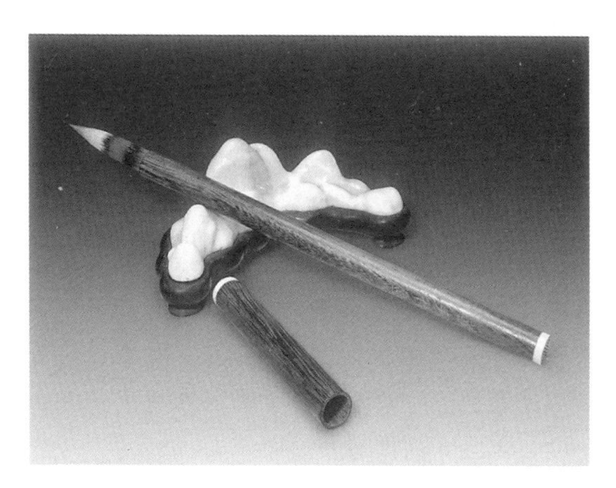

鸡翅木管万邦作孚兼毫笔　清乾隆年

卷心笔，是用紫毫为心，用纯细的羊毫为外被，使笔心圆锐，它的制法与兼毫笔不同。

鸡狼毫，是用鸡毫与狼毫合制而成的。这种笔，本来是湖南笔店的特制品，现在各大城市的笔庄中，也有出售，虽名为鸡狼毫，实在就是普通的狼毫笔，无鸡毫搀入，可说名与实已不相符了。

猪鬃的毫料，因它过于粗硬，将它分成四开或八开的细长毫料，以制大匾额笔，尚耐用。

水笔用时，笔头须全开，用后，套以铜制的笔套，套内稍贮水分，使笔头在套内不透空气，且不干燥，以养它的笔锋，因此经久耐用，故名水笔。

水笔，是全国最通用的小楷笔，各地笔店，均能制造。然以江苏的镇江为最有名。它的名称，有乌龙水、奏本、绿颖、京庄等等，名目繁多。乌龙水、奏本，均有双料单料之分。绿颖、京庄，均有大小之分。它的单双料及大小的分别，是在笔头的毫料上，一是稍单薄，一是稍丰厚，一是笔头稍粗，一是笔头稍细罢了。它的制法，均用短狼毫搀以白麻为柱，外面被以准兔或本兔花毫即成。惟绿颖的外被毫须染以绿色，京庄的外被毫须染以红色罢了。奏本及乌龙水的笔管，均是黑色。它的制法，用水竹将皮刮去，染以黑色，再上以透光漆即成。

水笔笔柱，搀用麻的原因，是为麻能多蓄水。换句话说，就是使笔头中，因搀麻的关系，能多含水分，水笔与非水笔的差别就在这点上面。

笔头制成后，装入笔管，须稍深，能牢固。古代装笔头，有极深的，与西画所用的水彩画笔相似，不易脱头及脱毛。兹录山谷《笔说》以作参考。

山谷《笔说》：

宣城诸葛高，系散卓笔，大概笔长寸半，藏一半于管中。

笔头装入笔管时，须用胶漆胶固，以坚牢不脱为原则。

王一品制笔技工说：“古用生漆糯米胶，现在多用树胶（即捷拉丁胶，向西药店购买），也间有用生漆的。水笔只可用松香作胶，松香遇水不胀。”

笔头装入笔管以后，还有一步最重要的工作，就是笔头毫锋的修整。兹录包慎伯《艺舟双楫》记两笔工语如下：

> 王兴源者，归安之善连镇人。估笔扬州兴教寺，甚困。扬市羊毫无佳者。嘉庆丙寅春，兴源介友人进其笔试之而善。兴源欲将去再修。谓此笔固已无弊，然见君指势，修笔势以称之，为益工。已而信然。因问之曰："寻常市笔，差可用者，不过十一二，何耶?"兴源曰："此修工之优劣也。能手所修，虽千百管，皆精良如一，出俗工则必无幸焉。吾善连女工，习扎头，男工唯主修。然俗手取值，当能手才什一，而能手出货，当俗工亦什一。然估笔者，多嗜利，用笔者，少真知，此市之所以无佳笔，而佳笔之所为难售也。能手之修笔也，其所去皆毫之曲与扁者，使圆正之毫独出，锋颖尖利，含墨以着纸，故锋皆劲直，其力能顺指以伏纸。俗工意亦如是，而目不精，手不稳，每至去圆正之毫，而扁与曲者反在所留，曲且扁之毫到尖，则力不足以摄墨，而着纸辄臃肿拳曲，遇弱纸即被裹，遇强纸即被拒，且何以发指势以称书意哉?"丙子秋，在吴门又遇王永清。永清，吴之大郎桥人，治笔于家，不传徒，不设肆。试其羊毫，尤圆

健。示以兴源所制，永清曰："此笔善矣！然尖善而根不善，着水则腰胀，未足言佳笔也。其修工净已，而劣毫之根未去，选锋虽健，被劣根间错，不能朋谐周比，出力以到尖。书道尚顿跌转换，而顿跌转换时，指取笔力，常自尖达根，根有病，则尖必散，是尖被根累也。劣毫尖去根留，则劣毫所占之地步犹存，佳毫出力时，遇空有以自宽，其势易于偏缩，则力不聚尖，而直者反曲。吾之治笔也，先纳笔头于粗管，修去其曲与偏之甚者，胶尖，俟干透，乃倒梳其根，令净，换管再扎，又择去不甚直而圆者，再胶再梳，又恐曲与扁者虽净，或有圆正而其材不长，不能齐尖者厕其间，上齐则下所藏入管者少而根硬，下齐则腰发胖而尖薄，是亦未足以发挥指力，曲折如意也。又择而梳之，然后固扎其根，而漆以投于精管。故终笔之用而无一褪毫。尖尽脱而笔身仍韧好不僵也。"

笔的制造，除以上所说以外，古人对于制笔的要点，记载于各旧籍中的，还很多。现在将它最重要的，摘录如下，以为参考。

卫夫人《笔阵图》：

笔头长一寸，管长五寸，锋齐腰长者。

韦诞《笔经》：

制笔之法，桀者居前，毳者居后，强者为刃，软者为辅。参之以是檾（檾，丘颖切，音顷，枲属。即苘麻，一名白麻），束之以管，固以漆液，泽以海藻，濡墨而试，直中绳，勾中钩，方圆中规矩，终日握而不败，故曰笔妙。

《蕉窗九录》：

用麻帖衬得法，则毫束而圆。

《柳公权帖》：

出锋须长，择毫须细，管不在大，副切须齐。副齐，则波掣有凭。管小，则运动省力。毛细，则点画无失。锋长，则洪润自由。

柳公权《草偈》：

圆如锥，捺如凿，只得入，不得却。盖缚笔要紧，一毛出，即不堪用矣。

《山谷题跋》：

笔工最难：其择毫如郭泰之论士，其顿心着副，如轮扁之斫轮。

梁同书《笔史》：

东坡云："系笔当用生毫，笔成，饭甑中蒸之，熟一斗饭，乃取出，悬水瓮上数月，乃可用。此古法也。"

梁同书《笔史》：

东坡云："近日都下，笔皆圆熟少锋，虽软美易使，然百字外，力辄衰，盖制毫太熟使然。鬻笔者，既利于易败而多售，买笔者，亦利其易使，唯诸葛高，独守旧法。”

《考槃余事》:

旧制笔形式,如笋尖最佳。后变为细腰葫芦样,初写似细,宜作小书。用后腰散,便成水笔,即为弃物,当从旧制。

古代制笔头的形式，除《考槃余事》所载的笋尖、细腰葫芦样以外，尚有柳叶、兰蕊、丁香、枣核、玉笋、鸡距等等，以细腰葫芦为最不合用。

第八　毛笔的名类

毛笔的名类：吾国近时的毛笔，虽兽毫的毫类不多，但因式样制法用途等不同，分类殊多，名称亦甚复杂。然在画笔方面而说，除几种特殊为绘画所制的画笔，如长杆的兰竹石笔、画细线的须眉笔、衣纹笔、叶筋笔，以及书笔中的鸡毫笔、飞白笔等等以外，大多数的笔，书画均可通用，故叙述画笔名类时，将书笔列先，以便参考与选用。

甲、书笔

（一）小楷笔：即书小正楷所用之笔。紫毫、狼毫、羊毫、兼毫均有，可随意选用。

羊毫小楷笔：超品小楷长锋宿羊毫。
长锋小楷宿羊毫。
超品小楷短锋宿羊毫。
短锋小楷宿羊毫。
极品小楷长锋宿羊毫。
长锋小楷羊毫。
极品小楷短锋宿羊毫。
短锋小楷羊毫。
长锋小楷纯羊毫。
羊毫小楷。

短锋小楷纯羊毫。

小羊毫。

紫毫小楷笔：长锋小楷冬紫毫。

魁紫毫小楷。

短锋小楷冬紫毫。

净紫毫小楷。

紫毫书画小楷。

小紫毫。

狼毫小楷笔：极品净纯小楷北狼毫。

净纯小楷北狼毫。

长锋小楷北狼毫。

小楷纯狼毫。

短锋小楷北狼毫。

小楷狼毫。

（二）水笔：即小楷笔的一种，为一般需用最普遍的笔类，故销数亦最多。它的原因：一为大小合于日常应用；二为价格便宜；三为保藏容易；四为应用殊能耐久。

乌龙水：极品乌龙水。

大乌龙水。

双料乌龙水。

乌龙水。

奏本：双料奏本。

奏本。

大奏本。

绿颖：加料大绿颖。

绿颖。

加料小绿颖。

绿水毫。

京水：大京水。

京水。

本京水。

京庄：双料仿古京庄。

火京庄。

殿试京庄。

京庄。

鸡狼毫：双料鸡狼毫水笔。

鸡狼毫水笔。

（三）中楷笔：是比小正楷稍大的正楷字笔，一般适于写龙眼与胡桃大小的正楷字

羊毫中楷笔：超品长锋中楷宿羊毫。

长锋中楷纯羊毫。

超品短锋中楷宿羊毫。

短锋中楷纯羊毫。

极品长锋中楷宿羊毫。

长锋中楷羊毫。

极品短锋中楷宿羊毫。
短锋中楷羊毫。
紫毫中楷笔：长锋中楷冬紫毫。
中楷净紫毫。
净纯中楷冬紫毫。
中楷紫毫。
狼毫中楷笔：长锋中楷北狼毫。
中楷净狼毫。
净纯中楷北狼毫。
中楷狼毫。
鼠须中楷笔：中楷鼠须笔。

（四）大楷笔：是书写核桃与石榴大小的正楷字笔类。

羊毫大楷笔：超品长锋大楷宿羊毫。
超品短锋大楷宿羊毫。
长锋大楷宿羊毫。
短锋大楷宿羊毫。
净纯长锋大楷羊毫。
净纯短锋大楷羊毫。
净纯大楷羊毫。
紫毫大楷笔：长锋大楷冬紫毫。
大楷冬紫毫。
狼毫大楷笔：长锋大楷北狼毫。

大笔北狼毫。

以上的笔类，用时依一般习惯，笔头往往仅开一半，与水笔、条幅笔、联笔等须全开的不同。

(五) 条幅笔：又名中书君，专为书写屏条之用。

极品长锋宿羊毫条幅笔。

屏笔乳羊毫。

极品短锋宿羊毫条幅笔。

羊毫屏笔。

净纯宿羊毫条幅笔。

羊毫条幅笔。

条幅笔，没有用紫毫狼毫特制的，可将大楷紫笔狼毫笔全开兼用。

(六) 联笔：用它书写对联用的大字笔。 大小不一，种类殊多。

羊毫联笔：挥字羊毫联笔。

如字羊毫联笔。

毫字羊毫联笔。

云字羊毫联笔。

落字羊毫联笔。

烟字羊毫联笔。

纸字羊毫联笔。

长锋纯羊毫联笔：经字长锋纯羊毫联笔。

天字长锋纯羊毫联笔。

纬字长锋纯羊毫联笔。
地字长锋纯羊毫联笔。
谓字长锋纯羊毫联笔。
之字长锋纯羊毫联笔。
才字长锋纯羊毫联笔。

短锋宿羊毫联笔：大号玉笋。
三号玉笋。
二号玉笋。

（七）匾额笔：专为书写匾额用的大字笔。大小种类不一。它的笔管，古代是用大竹管和木杆做成，持用时，很不灵便，《珍珠船》说："隋有高僧敬脱，善书大字，笔长三尺，其粗如人臂，乞书者，一字而已。"笔管长三尺，而且它的粗如同人臂一样，实在太为笨重。现在各笔庄中所制的匾额大笔，除小匾额笔以外，均用红木、花梨以及牛骨所制成的提斗，很为灵便。又制匾额笔的毫料，须稍硬而长，以羊毫、羊须、马鬃、马尾、猪鬃等为适合。紫毫、狼毫，均不够长度。

羊毫竹管匾额笔：经字羊毫匾额笔。
天字羊毫匾额笔。
翘轩宝帚大号匾额笔。
纬字羊毫匾额笔。
地字羊毫匾额笔。

翘轩宝帚二号匾额笔。

精制红木骨角斗提大匾额笔：仁字羊毫斗提大笔。

义字羊毫斗提大笔。

礼字羊毫斗提大笔。

智字羊毫斗提大笔。

信字羊毫斗提大笔。

羊须斗提大笔。

虎须斗提大笔。

四开分鬃斗提笔。

八开分鬃斗提笔。

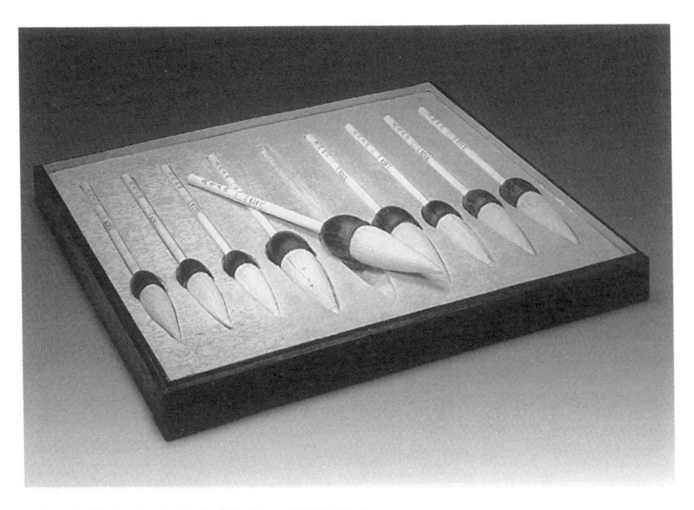

象牙管红木斗羊毫提笔　清乾隆年

（八）兼毫笔：是用两种兽毫合制出锋而成的一种笔类，以小楷笔、中楷笔为多，大楷笔虽也有用兼毫制成，但比较少，大联笔、匾额笔用兼毫制成的更少，这也是毫料等所限定的缘故。

紫羊兼毫笔：极品双料七紫三羊。
双料紫三羊。
卷心四紫六羊。
卷心三紫七羊。
极品双料五紫五羊。
卷心二紫八羊。
双料五紫五羊。
长锋大楷紫羊毫。
长锋中楷紫羊毫。
长锋小楷紫羊毫。

紫狼兼毫笔：紫狼毫书碑笔。

杭州、湖州没有这种紫狼书碑笔，上海笔工杨振华制有这种笔，殊佳。

羊狼兼毫笔：极品提净羊狼毫。
净纯羊狼毫。

鸡狼兼毫笔：极品双料鸡狼兼毫。
上品鸡狼兼毫。
极品加料鸡狼兼毫。
双料鸡狼兼毫。

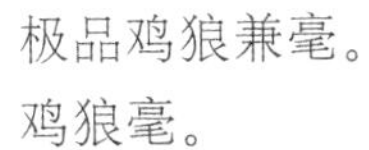

竹管象牙斗紫羊毫提笔　清乾隆年

为湖南笔店所擅制的特品，现在各大城市笔庄，亦均能制售，此种兼笔，实际上是用狼毫与其他兽毫兼制而成，成为鸡狼兼毫，已没有鸡毫掺入了。

羊兼毫笔及紫兼毫笔：杭州邵芝岩笔庄，尚有一种羊兼毫笔及紫兼毫笔，是用羊毫或紫毫合以其他兽毫：如霜白毫（兔子枪毫的一种）、黑狗毫、黑猫毫、黑羊毫等制造而成，也有它的优点。

羊兼毫笔：果然夺得锦标归五兼五羊。

第一人书第一篇三兼七羊。

挥毫落纸如云烟七兼三羊。

紫兼毫笔：长锋大楷紫兼毫。

长锋中楷紫兼毫。

长锋小楷紫兼毫。

紫兼毫笔，就是《戒庵漫笔》中说的“半肩笔”。《戒庵漫笔》说：“兔用肩毫，取其劲也。有全用者，有参半者，故有全肩、半肩之号。今笔标作坚，非。”原兔子肩毫，即兔子背领上的轮毫。换句话说：用全者，即系纯紫毫笔。参半者，即系紫毫与其他兽毫参半兼制的紫兼毫笔。当时的笔标，用“全坚”、“半坚”的字样，是系笔标技工的错误。

（九）鸡毫笔：纯鸡颖中楷。

纯鸡颖大楷。

纯鸡颖联笔。

是用鸡的有柄细羽及鸡翢（即鸡的绒毛合制而成的一种笔类）。既细，而且作绒状，故含水量极丰。又性极软，无尖锐的锋颖，不能制小楷笔。又粗柄鸡羽，它的柄过硬，且微弯不直，而柄两旁所生之羽毛不长，锋端不能齐平，故不能制大笔，也不能制小楷笔，只能制中楷及小联笔等罢了。鹅、鸭、山鸡、孔雀等毫制笔，全相同。鸡毛笔，以湖南笔店制的为有名。

以上所列种种，为现时各大城市笔庄中所通行的普通书笔名类。其他各地不相同不普通的名称极多，从略。

乙、画笔

近时写意画作家所用的画笔，往往与书笔通用。只有重色工笔人物画家及重色工笔花卉画家，及写意的兰竹画家，为作画上方便的关系有特制的画笔，但种类亦不太多。《绘事琐言》里说："今画家所用之笔，南北殊制，大小各式，约稽其名，亦有数种。"现将依他的次序，抄录于下：

大染笔，中染笔，小染笔，大蟹爪笔，中蟹爪笔，红描笔（笔毫染有红色），白描笔，大着色笔，小着色笔，大点花笔，小点花笔，开面笔（画人物眼鼻），须眉笔（极小而且尖细），小纯毫（亦须眉笔），大竹笔（管长尺余），小竹笔，大兰笔（管长尺余）小兰笔，柳条笔，大兼毫笔（紫羊毫合制），小兼毫，大斗笔（料川棕为之，近已淘汰），中斗笔，小棕笔（皆取其劲），大羊毫（用木斗），担笔（笔头散开用以拂拭），大排笔，小排笔。

排笔，用羊毫笔十二枝或十六枝编排而成。有用竹管制成，有用木管制成，故有竹排笔、木排笔的名称。小排笔，用羊毫笔四枝或六枝排成。它的用处，是在矾纸矾绢时排刷之用。

邵芝岩笔庄湖颖品类单中，在画笔方面，尚有下列数种：

大号兰竹笔狼毫，二号兰竹笔狼毫，三号兰竹笔狼毫，大号兰竹笔羊毫，二号兰竹笔羊毫，三号兰竹笔羊毫，大号狼毫画石笔，二号狼毫画石笔，三号狼毫画石笔，小画笔紫毫，紫毫须眉笔，羊毫书画笔，宜书宜画。

北京笔庄中，为吴文魁、李福寿等对于画笔方面，尚有多种：衣纹笔、叶筋笔，可为勾勒时应用。小红毛与须眉、蟹爪，画羽毛时应用。大小白云，可为点叶渲染时应用，价因不高，且坚固合用。又屠隆《笔笺》：扬州之中管鼠心画笔，用以落墨白描绝佳，水笔亦妙。

以上所列画笔名类，虽然不多，但已能大致满足画家的需用。而且普通画笔，又可酌量选用书笔作替代，故基本已无欠缺的过虑。所要注意的是在毫料须真纯，制工须精美，就能运用如意，耐久不乏了。

第九　毛笔的性能与选择

书画家的运用笔墨，与武士的运用武器，可说完全相似。倘使武士不懂武器性能，随便使用，很难达到得心应手的妙处。虽然古代的武士中，也有十八件武器件件皆能的人物。古代书家中如《唐书》的所载："欧阳询书，不择纸笔，皆能如意。"这可以说是不多有的人才。而他们所以有这样件件皆能及不择纸笔而书的本领，就是能熟审各项武器各种纸笔的性能而能有心得的运用它罢了。

制笔的各项兽毫，虽种类繁多，然除了近时不常用的一些毫料以外，仅有下列诸种。兹将它软硬性质的次序，排列如下：

（一）最硬的长毫，猪鬃、野猪鬃。

（二）稍次硬的长毫，山马毫。

山马毫笔，出日本，中国无此种兽毫制笔。国内少数书画家，喜用它作画写字，直向日本东京鸠居堂等笔店购买。

（三）次硬的稍短毫，紫毫、霜白毫。

（四）又次硬稍短毫，狼毫（即狼尾）、鼠须。

（五）最次硬的最长毫，马鬃、马尾。

最次硬的稍长毫，羊须、羊尾。

最次硬的短毫，普通兔狼背毫。

（六）普通软的中短毫，普通羊毫。

（七）次软的长毫，山羊前腿内与肋骨间的长毫。次软的较短毫，乳羊毫。

（八）最软的中短毫，鸡颖、鸭颖等。

以上所列毫料，以猪鬃为最硬，山马毫，非国内所产。除猪鬃外，实推紫毫为最刚劲，狼毫次之，鸡鸭诸颖最软。羊毫，实在鸡鸭颖及紫狼毫之间，可称为软硬较适中的毫料。上列硬而且长的毫料，宜制匾额大笔及大联笔，如山马毫、马鬃、马尾、羊须、羊尾等。猪鬃，虽最硬且长，但毛身过粗，微弯不直，且毛锋分岔不尖，倘全用它制笔，一则笔尖不易圆直（即笔尖容易岔开），二则笔锋不易尖锐。三则毛粗，笔心蓄水少，易于枯渴，四则过硬，笔腰笔根硬如铁锥，不易使用，只能在羊须、羊尾等大匾额笔的笔心中，略掺几根，以助劲健，可以采用。然有时仍倔强跋扈，不能与羊须、羊尾等毫料洽调驯服，是它的大病。故近时各笔庄中只将它每根笔料四开八开分笔制成匾额大笔，尚可应用。因此它的硬度，也感到与羊须羊尾等笔，相差不远。但它的质地，却比羊须、羊尾为坚韧，是它的特点。

羊毫的性质，较细而软，羊毫前腿与肋骨间的长料，有长到四五寸的，自然可制匾额大笔，不过毛身细长，而笔身又大，含水每易过于丰富，兼以毛质软弱，写大字，颇嫌运用不能爽利。故选择大匾额笔，虎须（虎须的毫料极难采办，诸大城市笔店往往用黄色马尾、马鬃代用）、分鬃、羊须等为适当。

大联笔，最硬的，可选日人所制的山马毫。此种毫料，比猪鬃为稍细而直，硬度亦比猪鬃为稍弱。惟毛身不圆，毛锋不锐，比紫毫、狼毫为粗劣，然却比紫狼毫为较长，是它可取之点。次硬的，可选虎须、羊须、分鬃等均可。

羊毫大联笔，却往往为一般书家所选用，它的原因，一为大联笔的笔身，比匾额笔为稍小，而所写的字，也稍小。虽毫细，含水量也极丰富，却比匾额笔易于控制；二为羊毫毫料，比山马毫、分鬃、马鬃、马尾、羊须、羊尾等为圆直精纯，虽稍软弱而秀润丰厚，每有过之无不及。三为书家练习指力、腕力、肘力，以软为较难。故初学书时，总以羊毫笔为基础，渐渐造成用羊毫笔的习惯。故选大联笔，倘须选得稍硬一些，可选分鬃、羊须、马尾等已够，不必选择国内没有出产的山马毫。又羊毫大联笔，实有它的优点，大可以选用，并且画写意花卉的大花叶大石块时，羊毫大联笔是一件不可少的工具。

在大楷额笔以下，小楷笔以上的笔类，如大楷笔、中楷笔、小联笔等等，最硬的有紫毫、霜白毫，最软的有鸡毫、鸭毫等等，它的范围最阔，名类最多，性能用途亦各不相同，可依各人的性情习惯与应用的所需，可随意向大笔店购选。

小楷笔，以紫毫、霜白毫小楷为最硬，狼毫小楷次之，各项水笔又次之，以羊毫小楷为最软。鸡鸭毛过软，又无毫锋，不能制小楷笔。

写小楷字，宜于秀挺。故制小楷笔宜用尖、锐、圆、挺的毫料为适宜。但小楷笔，也有用羊毫制的。它的性质，自然比兔毫、狼毫小楷为软。因此用羊毫小楷的时候，它的笔头，常常只开用一半，以减少毫料一部分的软弱无力。写小字，平常不惯用羊毫小楷时，自然可以选择。奏本、乌龙水、京庄、狼毫小楷、紫毫小楷等笔，较能指挥如意。在绘画上白描细勾人物、工整双勾花卉，也完全相同。倘画细勾人物，双勾花卉，买不到特制的小纯毫、小紫毫、紫毫须眉等画笔时，也可用紫毫小楷、狼毫小楷及普通水笔等代用。倘使能够惯用羊毫小楷，羊毫书画笔来画细勾人物双勾花卉，自然是难能可贵，但是对软笔须要有深湛的工力，才能有应用的本领，否则，难免费力多而不易讨好。

古人练习书法，最重视笔力。笔力，是从指力、腕力、肘力，经过笔端而达于纸面上的一点一画之间。由于硬毫笔，可倚靠笔毫的劲健，容易表达出作者的指力、腕力、肘力之所在。而软毫笔，全无此条件，每感不易。然而为书法打定稳固的笔力基础起见，自须从难处入手。羊毫除最软的鸡颖、鸭颖笔以外，可算最柔软的毫料，故自元明以来，学习书法的人均以羊毫笔为入手工具。换句话说，就是初学书法时，应不凭借毫力，仅运用指、腕、肘的功能，使笔力轻重停匀，收放自得，以为线条基础的训练，最为切实妥当。对于初学绘画的人来说，也是如此。故吾国毛笔自元代以后，羊毫笔得以普遍通行，这也是重要原因之一。

羊毫笔有长锋、中锋、短锋的分别。长锋羊毫，它的出锋，固需稍长，因此它的笔身的配合，也应比较瘦长。它的优点，就是柳诚悬所说的："锋长，则洪润自由。"也就是用长锋笔写正楷、行草等等，转锋灵活，意致易于婉丽。但笔身长，难免身瘦腰弱，不习惯者往往有锋长不掉之苦。《墨池琐言》里说："长而不劲，不如不长。"就是这个道理。故应用的时候，也可以笔头只开三分之一，或五分之二。

短锋羊毫笔，锋短而身矮胖。普通笔庄所制售的大号玉笋、二号玉笋、三号玉笋等等，就是短锋羊毫笔的代表。它的长点，就是锋厚腰宽，落纸易于凝重、厚实。《考槃余事》里说："笔如笋尖者，最佳。"即为此而说。然它的流弊每易失之肥笨，须加注意。

中锋羊毫笔，介于长锋、短锋之间，它的特点，虽未能尽集羊毫长短锋的优点于一体，而却能全免除羊毫长短锋的缺点的所在，故不论书家、画家，可多加采用。

硬笔，自然毫身较粗，故含墨较少。软笔，自然毫身较细，故含墨甚丰，每易腴润。然软如鸡颖，含墨过多，亦有泛滥凝滞诸病。梁同书《频罗庵论书》说："书家燥锋，曰渴笔。画家双管有枯笔，二字判然不同。渴则不润，枯则死矣。人人喜用硬笔，故枯。若羊毫，便不然。"

鸡鸭鹅雉的细柄软绒毛，湖南、岭南诸地，多用它制笔。但它的性质，过于软弱，使用极为困难。近时国内各大笔庄，虽尚间有制售，然用的人极少，已近淘汰。它的原因是为鸡鸭的细柄绒毛，在每根绒毛上，仍生有羽状细绒，而无锋颖，因此一浸墨汁，即含水过多，笔腰软弱，无自支力量。笔端竟成长墨团的形状，无锋端可寻。即使能依其毫势书写，亦腻滞难行，不大痛快。清代晚年，有何子贞（绍基），喜用鸡颖写字，颇有声誉。此外，殊少闻见。倘用鸡颖作画，更不适合。《负暄野录》评鸡毫笔为"软弱无取"，至为恰当。

紫毫为制硬笔中大楷的最上等材料。因为它毛身坚润圆直，劲健锋利，非其他毫料所能比拟。唯毛身不长，故制大楷笔，亦极勉强。鹿的领毛，虽比紫毫为硬，但粗犷而欠精纯。不及紫毫远甚。又每根紫毫，在近锋的一段较粗，近根的一段较细，制笔时卷衬副毫、毳毫须得法。否则，全开应用，难免要发生锋健腰弱的弊病。

凡以紫毫笔作书画，在线条的情味上来说，爽利劲健，是它的所长。然而缺点也很多。一则每易失于骨多而肉少，乏蕴藉之姿。二则在转折顿挫之间，每易少轻重迂回之趣。清代乾隆间，大书家刘石庵（墉），能以硬紫毫写行草，迂回跌宕，墨沈淋漓，在字面上看，稍不注意，以为是用羊毫软笔所书，而实际上却适相反。而清初伊秉绶，用羊毫笔写行草汉隶，圆挺劲健，绝似硬毫书写，亦属相同。这是他们对于笔墨工具的性能上，特有所体会，故能达到一般人所不能认识的境地。

用硬笔作线，往往圆劲有余，而风姿不足。用软笔作线，往往风姿有余，却易落软弱、颤动、拖沓等病。倘用笔的人，能得它的所长，弃它的所短，能使用笔而不被笔所使用，就是一等高手。

狼毫比羊毫为尖劲，比紫毫为稍软。羊毫较软，不易用力。紫毫过硬，不易指挥。又狼毫毫身圆润锐直，无紫毫软腰等病，故狼毫笔往往为一般书画家所喜爱。然狼尾至长也不过寸余，不能制大笔，与紫毫同。

吾国用鼠须制笔，极古，三国的钟繇、晋代的王羲之，都喜用鼠须笔写字。毫身的挺健坚锐，不在紫毫、狼毫之下。硬度长度，也与紫毫、狼毫相似，为制笔的美材。然办料极为困难，故不普遍。现时各大城市笔庄中所制售的鼠须笔，多用其它杂兽毫代制。

《妮古录》说："笔有四德：锐齐圆健。"《考槃余事》也说："制笔之法，以尖齐圆健为四德。"锐、尖二字，虽然不同，而意义却完全一样。因毛笔除大笔、排笔等以外，总以笔锋尖锐为原则。笔锋尖锐，就是不论硬毫软毫，毫身须挺直坚实，锋颖须精纯而锐利，那么制成笔头后，笔锋能尖锐而不开叉。故选毫时，每根毫料必须认真，倘有毫锋挫折的毫料夹入在内，笔锋自然不会尖锐，那就缺了毛笔四德的第一项了。坚实、挺直、精纯、尖锐的毫料选好以后，卷笔心时，须将毫锋整理整齐，外被毛，也要被搭齐，然后加以紧扎，就是卫夫人《笔阵图》中所说的"锋齐"。卷笔柱时，副毫也须衬贴整齐，就是柳诚悬所说的"副切须齐，则波掣有凭"。倘使锋齐，副切齐，被毛也齐，就是毛笔四德的第二项无所欠缺了。毛笔第三德的圆，就是笔锋须圆。笔锋须圆，也就是笔身、笔根须圆。即柳诚悬《笔偈》所说的"圆如锥"。也就是王右军《笔经》所说的"须圆正方可"。否则，笔锋扁或笔身不圆，或笔头不正等等，就对于毛笔的第三德，有所亏损。笔锋健，须副毫、被毫衬贴得宜。副毫，又须毳毫以为辅助。衬贴失宜，辅助不当，则笔腰软弱，笔根无力，笔锋自然无从劲健。李阳冰《翰林禁经》说："软而复健。"因此知道笔锋的健，往往不在毫料的刚劲，而在副毫、被毫、毳毫，制工衬贴得宜的刚劲了。这也就是毛笔的第四德的意义。四德俱全，无稍欠缺，就是上等好笔。兽毫近锋尖的一段，往往比毫身一段为稍细，质地亦稍精纯而有光彩，名叫颖。又叫锋颖。而且同一根兽毫中，锋颖与毫身的色泽，也往往有所异样。例如山羊毫毫身一段为白色，锋颖一段，则为发玉光的淡黄色。故检验羊毫毫料的精纯与否，可看笔头上锋颖部分的长短，与色泽的精纯与否而定。其次可将笔锋沁水，用大指与食指将笔的锋尖夹之使扁，以验内外毫锋是否平齐。如系平齐，那么在笔的制工而说就不会过于低劣了。这是一般人选择毛笔的方法。

对于画笔的性能与应用，《绘事琐言》里说得颇详。即录如下：

掸笔，以羊毫为之，或取鹰雁半翅为之，所以拂去研碟之尘。排笔，系矾纸用以刷胶、矾者，皆非落墨着色烘染所用。染笔，宜用羊毫。大幅着色，宜用大羊毫。小幅着色，宜用红描。红描者，京师笔工所造硬尖水笔，用兔毫、兼毫为之，以着青绿重色，饱而仍尖。南方蟹爪，或狼毫或羊毫，一蘸重色，头即蓬矣。蟹爪之不如红描远甚，举一红描，而蟹爪花点，

> 具可省矣。开面须眉,亦可择红描之尖细者用之。而又不如湖州之小纯毫为妙。盖纯用紫毫二三十根制成,极尖极细,可勾眉目,可勾叶筋,能细长而有力,圆劲而和顺也。山水勾树木枝叶宫室界画,粗者柳条大兼毫,细者小兼毫。若大树大石,宜用斗棕笔,小树小石,宜用小斗棕笔,取其有骨力也。大斗羊毫笔亦可用。泼墨云水,宜用大羊毫不宜大棕笔,取其柔和,不取其强硬也。人物花卉,则笔须尖硬。

吾国绘画,自宋元以后,通行卷轴,壁画几废。三五方丈之上的大画,可说绝无仅有。《绘事琐言》里所说的:“画大树大石,宜用大斗棕笔,小树小石,宜用小斗棕笔,取其有骨力也。”这是指寻丈以上的大画而说。现在的画,全是卷轴幅式,普通总在平方寻丈以下,即使画大树大石,每不需要用大斗笔。又棕丝粗糙不纯,它的硬度也不及猪鬃,并且现时各大笔庄,并无大斗棕笔的制售,不如将虎须、羊须、分鬃等大斗笔代用为方便。倘能代以日本山马毫大笔,尤刚健有骨力。又杭州邵芝岩笔庄制有大号狼毫画石笔,也可代用。红描,系兔毫及兼毫制成,与南方绿颖、京庄等水笔相同,可以绿颖、京庄代替,不难满意。

笔的美德,除尖、齐、圆、健以外,尚有经久耐用一德,合为五德。吾辈选笔,可以五德为准则,不会有所错误了。

第十　毛笔的保藏

毛笔的保藏，书画家对于作书画的笔墨，与武士对于护身的武器，其关系太为密切与重大，极为爱护。故对于保藏，亦极珍重。因为武士得一合意的武器，与书画家得一合意的笔墨，每不是一件容易的事。

无论何种兽毫，一经枯燥，就易脆折。故古人在制笔成功后，必须润泽以海藻汁或上以水银粉等等，使不枯燥及虫蛀，可以久藏。

韦诞《笔经》说："泽以海藻。"

苏东坡说："杜君懿胶笔法，藏笔能二三十年。每百枝用水银一钱，以沸汤调研如稀糊，乃以研墨胶笔，永不蠹，且润软不燥。"

《文房宝录》说："养笔以硫黄酒舒其毫。"

《考槃余事》说："若有油腻，以皂洗之。"

《考槃余事》又说："东坡以黄连汤，调轻粉蘸笔头候干收之，则不燥。"

《考槃余事》又说："山谷以川椒、黄檗煎汤磨松烟，染笔藏之，尤佳。"

近时极通行樟脑冰以防各项虫蛀，藏笔的抽斗以及笔盒等处，亦可略放一些，以防蛀蚀，殊便。倘用冰片，尤佳。

新笔笔头均有胶水胶固。同时，须将笔头浸以温水，使胶溶解，然后使用，才不损坏毫锋。用后，必须在笔洗中洗清墨汁，然后可以收藏。因墨汁中胶性殊重，用后，不加洗涤，一待干燥，墨汁胶固笔头，在下次用时，殊感不便。而且，每使笔毫发脆，笔的毫锋毫身，容易受损，非惜笔护笔的方法。

《考槃余事》中说："凡妙笔书后，即入笔洗中涤去滞墨，则毫坚不脱，可耐久用。"

笔的宝贵部分，就是笔头。倘笔头一坏，笔管等虽雕金镂玉，十分名贵，也没有用处。故保护笔，第一就是保护笔头。笔套就是保护笔头外来损伤最简便的设备。故凡笔的制成以后，除大斗笔外，均配有笔套，以便携带与存藏。

湘妃竹、水竹，不论竹心粗细，中心总是空的。为保护笔头起见，笔管的管顶、笔套的套底，均须镶上厚竹做成的圆顶圆底，将竹管的管孔盖住，使灰尘等不能飞入，小虫等不能爬入做窠，并蛀蚀笔头等等，这也是保护毛笔需要注意的一点。

水笔的笔套，须藏贮一些水分，以养毫锋，故需铜制的笔套，才合条件。因竹制的笔套，一藏水分，容易发生霉烂及漏水等流弊。

绘画所用的毛笔，不论大小，笔头总以全开为多。用后，须将笔头洗清，并须将笔毫松散，易于干燥，故原配的笔套往往因笔头松散的缘故，不合应用。书家所用的笔，除羊毫小楷、长锋羊毫，常开半头应用以外，其余也与画笔相同。故书画家的笔，必须有笔筒、笔挂等设备，以挂插应用后的各种毛笔。

笔筒，在过去当然认为文房用具之一种。它的材料及雕制，往往极为华贵精巧。式样亦变化不一。有用金、玉、水晶、宝石等雕制的。有用象牙、犀角、琉璃等雕制的，以表示它的华美及阶级身分；在应用方面而说，实以竹木所制为最合适，陶瓷所制的，已觉次一等了。

屠隆《文房器具笺》里说："笔筒，湘竹为之。以紫檀、乌木棱口镶坐为雅，余不入品。"

竹木的笔筒，置办较为容易。应用亦极方便，普通识字人家，无不置备。笔筒的形式，以圆形为正常，故名曰筒。六角形，四方形，两圆合并或连环形，亦常见，总不如正圆形的大方。最简单而不费钱的笔筒，可用锯锯稍大的孟冬竹一节，用水磨光底口，即可应用。倘能雕刻一些书画在四周，尤为雅观。

笔筒的应用，对于无套的书画笔，只可笔头仰天的插着。它的缺点，是在笔头中未干的水分向下，汇集到笔根部分，使笔根容易霉烂，笔头笔毛容易脱落。又笔头仰插，风吹尘染，容易损坏，也须注意。故书画家所用全开毛笔，不如用笔挂挂起较为妥善。

竹雕山水图笔筒　明代

竹雕庭园读书图笔筒　明代

笔挂的应用，是将全开书画笔，用后洗清，笔头向下，直垂挂于笔挂之上，使笔头的水分渐渐汇集笔尖，自然干燥，以保护笔头、笔锋的安全。这种笔挂，可叫普通木工制造，绝无困难，并且价亦不贵。不过挂笔挂的毛笔，须在管顶上做一个骨角制成的管顶盖，并须在管顶盖的中心，穿制丝绳，成一丝绳钮，才能悬挂。管顶盖的丝绳，最好用粗蚕丝线，能用粗麻线尤佳。用人造丝线，质脆易断，装修不易。

笔挂

笔挂

以上所讲的管顶盖及丝绳的装置，现时各大笔庄所出售的较上等毛笔，均有此种装置，只须有笔挂的设备就无问题了。如无笔挂设备，可买些小洋钉，在板壁上排列钉着，将笔用后洗清直挂在小洋钉上亦可，这种最简单的挂笔办法，尤通用于旅行作客之间。

毛笔的笔管、笔头，均是圆形，将笔横放在桌上，往往易于滚动。书画家作书画时，中间常要停笔休息。书画家所用的笔，每多全开，沁水以后，往往笔头比笔管为粗，故停笔休息时，必每将所用之笔，放在笔格上搁着，才稳定而不随便滚动。否则一滚动，笔头上的墨色颜色，常常渍染满桌，污及纸绢，至为不妥。

笔格，又名笔架。古时与笔筒、笔洗等，同为文房器具之一。它的材料及雕制而说，有用金、玉、古铜、水晶、象牙、花乳石、红木、沉香以及竹木老根等制成的，有雕斫卧仙、狮虎、蛟、螭、山龙等形象极为精美的。《文房器具笺》中说笔格：

玉笔格:有山形者,有卧仙者。有旧玉子母猫,长六七寸,白玉作母,横卧为坐,身负六子,起伏为格。有纯黄、纯黑者,有黑白杂者,有黄黑为玳瑁者,因玉玷污,取为形体,扳附眠抱,诸态绝佳,真奇物也。

铜者:有镂金双螭挽格,精甚。有古十二峰头为格者,有单螭起伏为格者。

窑器:有哥窑三山、五山者,制古色润。有白定卧花娃,莹白精巧。

木者:老树根枝,蟠曲万状,长止五六七寸,宛若行龙,鳞角爪牙悉备,摩弄如玉,诚天生笔格。有棋楠沉速,不俟人力者,尤为难得。

石者:有峰峦起伏者,有蟠曲如龙者,以不假斧凿为妙。

铜双螭笔架　六朝

青釉浮雕人物笔架　明嘉靖年

《文房器具笺》中所说的种种笔格，全是文人在闲情逸致中的玩物，在实际应用中，实不必如此珍贵考究。笔格在形体上以灵巧古雅为宜，在质地上以较重为宜，故红木、紫檀、瓷、铜等均合雕制。近时有用玻璃制笔格，亦可。

笔帘，以极细的竹丝，制成帘状。阔约一尺余，长约两尺余。两边缀以细布或丝绸，阔约一寸半，可以插放笔管。帘的内面中心，亦缀布一条，阔约一寸，可以插拦笔管。也有内面不缀布条的简易式样。笔帘的用处，是在旅行匆忙中，用笔洗清后，急急包卷湿笔时所用的，携带亦极方便。为旅行匆忙中保护笔的良好器具。

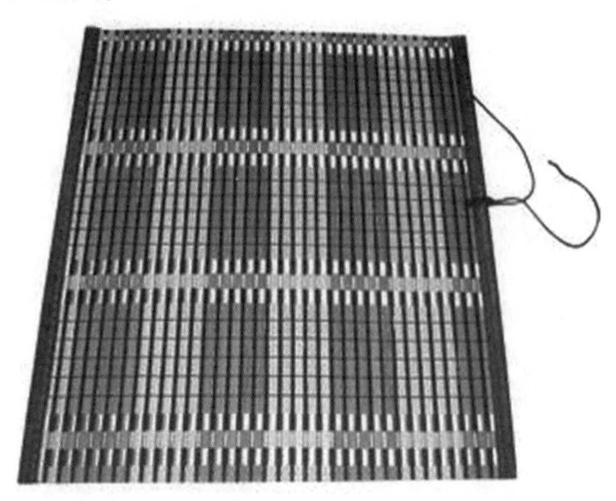

笔帘

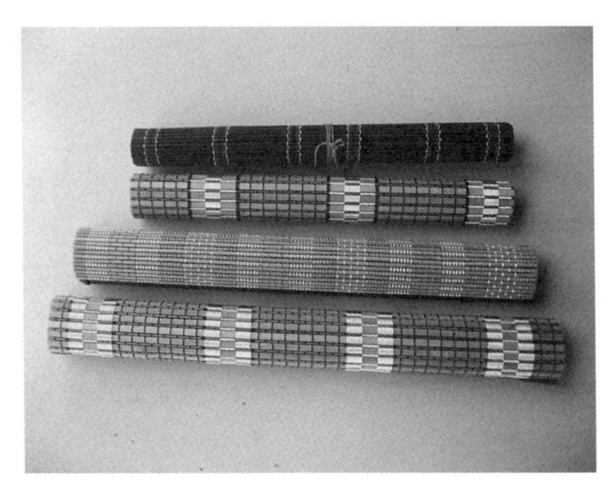

笔帘

笔袋，也是旅行作客时，用它保护笔的一种器具，古代极为通用，全用绸缎制成，并绣有各式花样图案等等，以为装饰。内可藏笔二枝或四枝不等，然仅能藏有笔套的毛笔，不能藏新旧无笔套的毛笔，是其缺点。

笔床的制度很古。《东宫旧事》说：

> 太子初拜，给漆石砚一枚，添笔四枝，铜博山笔床一副。

笔床的形式究竟如何呢？可以《文房器具笺》中所记的一段话作为参考：

> 笔床之制，行世甚少。有古鎏金者，长六七寸，高十二分，阔二寸余，如一架然，上可卧笔四矢，以此为式。用紫檀、乌木，亦佳。

据上所记，笔床是文房中平时放笔的用具，它的意义，与人的卧床相似，是为笔的休息之用。推想它的形状，略似一长方小卧床，两头稍高似床架，上有凹缺，搁笔其上，笔头露出床架外。实为一特殊形式的笔格。其说“如一架然”，定系稍高而有四脚，也与人的卧床相仿佛。不过这种护笔工具不如笔筒放笔多而占地少，故早已不通行了。

粉彩笔床　清乾隆年

笔屏，用长方玉板及长方大理石等，装置于屏风之上，为插笔用的。见《文房器具笺》。近亦无人通用，从略。

笔盒，为近时所通行的保藏笔的器具。各大城市笔庄所销售，较名贵的毛笔，即装置有笔盒，以为保护。它的形状，是长方形盒子，上有盖，盖面用玻璃制成，可不用打开盒盖，很清楚的看见盒内所置藏的毛笔。普通用厚纸制成，盒外四周用花锦装饰，盒内用绫缎等衬垫，颇为精美。较考究的用红木等制成，尤为古雅永久。无论旅行携带及家藏均极方便。笔藏盒内，既不受灰尘的侵袭，又便于安放樟脑、冰片等，以防虫蛀。

嵌螺钿笔盒　清代

附 柳炭、香头、纸媒头的制法

画家除用毛笔作画以外，往往先用柳炭打草稿，名叫朽笔。尤在画大幅人物画的时候，着重人物的姿态及布局等的经营剪裁，须用柳炭作底稿，邓椿《画继》说：“画家画人物，九朽一罢。”因柳炭是一种轻松无黏性的黑色粉质物体，着纸绢上易于扑去。故能经常多次的修改，无妨碍壁面、纸面、绢面的清洁完整，这是柳炭的特点。因此画工笔大幅山水、花卉的作家，也常常用柳炭勾底，然后落墨，与人物画相同。只有大写意的墨戏画家，不拘绳墨，随手落笔，与朽笔不发生关系。故朽笔也往往为一般画家所必备的工具。又纸媒头，一般画家，也有用它勾稿的。它的性质，与柳炭全同。纸媒头的制法，极简便，而且落朽后，比柳炭尤易于扑去，大可应用。香头是用在工细的人物花卉等成稿后，度纸稿的应用，比粉本的度稿法为佳，可采用。又古代尚有土笔勾稿的方法，它的作用当然与柳炭相同，唯效能恐不及柳炭，故早淘汰并方法也已失传，故略。

柳炭的制法，《绘事琐言》里记载颇详，现抄录如下，以为参考：

柳炭以何物为之？柳条是也。取柳木劈细削

圆，条条如线香，或细枝去皮，晒干，烧成炭闷息，用以起画稿也。小幅纸绢薄透临摹古本，可用墨勾，何必用朽？大幅纸厚悬于壁上，熟视构思之余，恍有所得，恐其稍纵即逝，亟取朽炭，随意匠之经营，勾坳垤之轮廓，然后以笔落墨，有不遵朽痕者，以白布扑去。缘墨笔一定，难改难救。朽炭略描，可伸可缩，画家所以必用朽炭也。或长一尺，或长五寸，焦其头，留其身，以当笔管，在粗纸上磨尖之，少秃便烧，或装入笔管内，如笔尖硬，亦使朽如使笔之法也。传神，以朽勾眉目衣折；山水，以朽勾丘壑树石；花草，以朽勾葩叶枝干；翎毛，以朽勾飞走之势；界画，以朽勾楼阁之形。随处可用，相需甚殷。亦有天资高迈，使笔挥洒，不用朽炭而准绳不失，如酒以鼻饮，不以口饮，语云："饮酒不用口，作画不用朽。"此之谓欤。昔吴道子不用界笔直尺，而左手画圆，右手画方，从容自中，不逾规矩，其亦不用朽炭者欤。

据以上的记载，柳炭的烧制，是先用柳木劈做细条，削圆成线香的形状，或用细柳枝去皮，晒干，大约长一尺，或五寸，次用火烧其一头，成炭，将火熄灭。就是"焦其头，留其身"的办法，便可应用了。然而所烧的柳炭烧头或嫌太粗，可在粗纸上磨尖应用。炭头用秃之后，再重烧制。手续亦尚简便。近时画西画素描用的木炭，各大城市均有销售，一般国画家以烧制的麻烦，均购买西画素描木炭代用，效能不在柳炭之下。

香头的制法：

香头的制法，大约与柳炭相似，它的用处却与柳炭不同，因柳炭是打稿用的，香头是度稿用的。兹录《绘事琐言》里的记载如下：

> 大纸作画，先以朽炭勾其轮廓而后落墨。若工细稿度上扇头或已经装璜之卷轴，用煤涂纸，衬于稿下，针尾从稿上画之，下自有影。然有划痕且损稿纸。又有用无胶水粉、稿后双勾，印于纸绢，以墨笔随粉痕勾之，此宜于羊脑、石青等纸，不宜于素纸白绢，一时扫扑不下，不如用香头之妙也。择极细香两头烧之，竹筒熄之。焦头不可太长，长则触纸即折。不可太短，短则秃而无尖。其法约取六七根香烧着，以口吹旺，稍停一刻，见其火往内缩，即纳于筒中，火熄取出，吹去白灰，尖者自多，此烧香之法也。用时于硬纸上侧磨成尖，然后向稿之反面，以尖者勾眉眼，平者勾衣褶。既勾之后，以稿扑于纸绢，以净白布在上擦之，下即有影。每香头细勾一次，即可印三四幅。即印之后用水墨随影勾之，勾毕即用净白布扑去其影。倘落墨不及，即轻轻卷起，隔一二日勾清扑之，仍无痕迹。丰润扇面，多如此度法，名神仙度。其香以至细者为贵，盖以代笔，笔取其尖，香愈细则

愈尖也。考《香谱》有熏陆、旃檀、脑沉、蓬莱、修甲、生熟速香、暂香、檀香、麝香、黄熟、降真、鹧鸪斑、蔷薇、水苏合油、金颜、鸡舌，涂肌佛手、亚湿、笃耨、龙涎、安息、螺甲、艾纳，皆取其香耳。今市上造香，多粉榆皮、杂檀降末矣。作画者不取其香，取其黑而尖。他处香，皆粗松不实，唯上谷郡城所市卍字寿香最细，而点时灰不落。其香料细，故其焦头尖若紫毫，斯为上品。至于香头朽炭，大略相似而用法不同。朽炭用于正面者多，香头用于反面者多。朽炭之痕，扑不净尽，香头之痕，一扑即消。朽炭勾于反面，不能印于他纸，香头勾于正面，亦不能扑去无痕。善勾稿者，当自辨之。

以上《绘事琐言》所记，对于香头的用法、制法、效能以及香的选择，均说得十分详明，极可参考。

纸媒头的制法：

纸媒头为打画稿之用，功能与柳炭相同。唯柳炭的炭痕不易扑尽，而纸媒头却与香头一样，一扑即能脱落，比柳炭及西洋画所用的木炭为良好。而且烧制亦便。我曾应用多年，觉得有它的优点，颇宜作大画打稿之用。

纸媒头的制法，先用中国手工制纸如元书纸、毛边纸、桑皮纸等等（用过的旧纸亦可，但需平直），裁成狭长条，长约七八寸，卷成细卷，即可用火烧制应用。

唯需注意要卷得极紧，方结实可用。 纸卷之粗细一般如常用之铅笔。 视画稿之需要，也可备各种粗细的纸媒头数枝，以应打稿时随需选用。 烧制时，只需将卷好的纸卷平排在桌边上，一头露出桌边二三寸，用火柴烧之约半寸，待火内缩，插入粗笔套管内熄灭，即可应用。 用秃后，陆续烧之，亦极简便。

图书在版编目(CIP)数据

毛笔的常识/潘天寿著.—杭州：浙江人民美术出版社，2013.10（2022.3重印）

ISBN 978-7-5340-3579-1

Ⅰ.①毛… Ⅱ.①潘… Ⅲ.①毛笔–基本知识 Ⅳ.①TS951.11

中国版本图书馆CIP数据核字(2013)第231781号

毛笔的常识

潘天寿 著

责任编辑 屈笃仕 杨 晶
责任校对 霍西胜
装帧设计 吕逸尔
责任印制 陈柏荣

出版发行 浙江人民美术出版社
(杭州市体育场路347号)
经　　销 全国各地新华书店
制　　版 浙江新华图文制作有限公司
印　　刷 杭州佳园彩色印刷有限公司
版　　次 2013年10月第1版
印　　次 2022年 3月第12次印刷
开　　本 787mm×1092mm 1/32
印　　张 3.5
字　　数 58千字
书　　号 ISBN 978-7-5340-3579-1
定　　价 15.00元